· 최신 출제기준 반영 ·

제대로 배우는 이론과 실기

2판

떡 제조의 정석

박영미 · 장소영 · 이종민 · 박은혜 지음

교문사

떡은 오랜 역사와 함께 우리 민족의 전통음식으로 자리 잡았습니다. 우리 생활과 밀접하게 발달해온 떡의 제조법들은 이제 가정에서 가정으로 전수되기보다는, 학교나 전문교육기관을 통해 전수되면서 떡을 교육하는 곳이 점차 늘어나고 있습니다. 이러한 떡에 관한 교육이 체계적으로 자리매김한 시간은 얼마 되지 않았습니다.

떡 시장은 산업이 되었습니다. 제과·제빵보다는 많이 늦었지만 우리의 전통 떡 제조에 관한 국가자격증인 '떡제조기능사'가 만들어져 떡 제조법이 표준화되고 떡의 저변을 넓힐 수 있게 됨을 매우 반갑게 생각합니다.

항상 교단에서 교육을 하면서, 변해가는 교육환경에 맞는 떡 관련 전문서가 부족하다는 걸 느꼈습니다. 이에 떡 부분에서 교육을 한 경험이 많은 저자들이 모여, 현장에 필요한 이론과 실기를 발췌하여 책을 집필하게 되었습니다.

여기에는 떡 제조 실무에 필요한 기초 이론인 떡의 재료, 영양, 떡의 원리와 시절식, 통과의례, 향토음식, 떡 문화론, 떡 제조 실무, 위생·안전관리까지 포함되어 있습니다. 다양한 종류의 떡 관련 내용도 수록하였습니다. 오랜 시간 발달해온 다양한 떡을 체계화하여 한 권에 담는 것은 어려운 일인데, 그동안의 경험을 이 책에 담기 위해 노력하였습니다. 부족한 점은 부단한 노력으로 채워갈 것을 다짐합니다. 이 책이 한국의 떡 문화를 이해하는 데, 누구나 손쉽게 떡을 제조하고 교육에 활용하는 데 도움이 되는 '떡 제조의 정석'으로 자리 잡기를 바랍니다.

책이 나오기까지 여러 분들의 도움을 받았습니다. 많은 가르침을 주시고 끊임없이 공부를 이어나갈 수 있게 이끌어주시는 조선왕조궁중음식 보유자 정길자 스승님, 한복려 스승님께 진심으로 감사드립니다.

또한 책이 엮어지기까지 여러모로 도움을 주신 궁중병과연구원의 선생님들과 언제나 촬영을 도와주시는 최동혁 실장님, 끝으로 출간을 허락해주시고 도움을 주신 교문사 관계자분들께 감사의 마음을 전합니다.

저자 일동

떡에 관심 있는 사람들의 필독서,
전문가들이 제대로 만든 전문서

떡에 관한 꼭 필요한 내용만 모은 《떡 제조의 정석》이 출판된 것을 기쁘게 생각합니다. 우리 한국인에게 떡은 음식문화의 중심을 차지하는 중요한 먹거리입니다. 우리나라 사람들은 농경 의례는 물론이고 명절마다 다른 떡을 해 먹습니다. 백일, 돌, 혼인, 회갑 등의 잔치나 제사상에 반드시 떡을 마련하여 올렸던 것입니다. 하지만 세월이 흐르고 생활방식이 변하면서 한 집안 어른에게 그 집만의 떡 만들기를 전수받는 경우가 드물어졌습니다. 이 책은 떡에 관한 문화론 적 이야기뿐 아니라 떡의 재료와 영양성분에 관한 내용부터 각 떡이 만들어지는 조리원리, 요 즘 중요성이 부각되고 있는 위생·안전관리까지 떡 제조에 필요한 이론적인 내용과 찌는 떡, 치는 떡, 빚는 떡, 지지는 떡에 관한 실제적인 제조방법까지 떡에 관한 많은 내용이 속속들이 담겨 있습니다.

 떡의 제조방법을 설명할 때는 전통적인 방법을 고수하고 있으나 계량과 디자인 등은 요즘 식생활에 적합하도록 현대화하여 떡을 공부하는 후학들이 쉽게 이해하고 조리할 수 있도록 하였습니다. 우리의 떡이 전통의 뿌리를 지키며 다양성과 멋, 맛, 영양의 우수성을 발휘할 수 있었으면 합니다. 전통음식인 떡을 지켜가는 것이 쉬운 일은 아니겠으나, 이 책이 정통성 있는 뿌리 깊은 우리 것을 지켜나가는 데 큰 보탬이 되리라 생각합니다.

 50여 년 전 황혜성 교수님의 제자라는 자부심으로 궁중음식과 인연을 맺었습니다. 2007년 9월에는 국가무형유산 '조선왕조궁중음식' 보유자로 지정되면서 떡과 한과의 보존과 전승에 주력하고 있습니다. 이 책은 오랜 시간 꾸준이 함께 공부하는 궁중음식 이수자들이 모여 만 든 책입니다. 관련 분야 전문가들이 만든 이 책이 많은 사람들에게 도움이 되기를 바랍니다.

국가무형유산 '조선왕조궁중음식' 보유자

(사)궁중병과연구원 원장

정길자

8

PART 2
떡 제조 실기

9

떡 제조 이론

우리나라 떡의
역사 및 문화

1 떡의 역사

1) 떡의 어원

떡은 농경문화의 정착과 함께 삼국시대 이전부터 고유의 전통음식으로 시절식, 통과의례 등 우리 생활에 다양하게 뿌리내리고 있다. 떡은 역사가 긴 만큼 다양한 명칭이 있다. 떡의 어원은 중국의 한자에서 찾아볼 수 있으며 병(餠), 편(片), 고(餻), 이(餌), 병이(餠餌) 등으로 불린다. 떡을 한자로 쓸 때 일반적으로는 '병(餠)'이라 한다. 궁중의 잔치 기록인 『의궤』는 멥쌀로 만든 메시루떡을 경증병(粳甑餠), 찹쌀로 만든 차시루떡은 점증병(粘甑餠)이라 기록하고 곡물가루에 섞는 재료에 따라 토란병, 송기병, 도행병, 잡과병이라 하며 '병(餠)'자를 붙였다. 인절미는 한자로 인절병(引切餠), 은절병(銀切餠)이라 한다. 또한 떡을 '편(片)'이라고도 하는데 여성이 쓴 최초의 한글조리서인 『음식디미방』에는 석이편, 잡과편, 증편법, 상화법, 밤설기법, 전화법, 빈자법 등 다양한 떡 조리법에 관한 기록이 있으며 떡을 '편'이라 하였다. '고(餻)' 역시 떡을 지칭하는 한자다. 『해동역사』의 율고(밤떡)나 『도문대작』의 애고(쑥떡), 『규합총서』의 복령조화고, 백설고 등에서는 떡을 '고'라 하였다. 『규합총서』에 떡이란 용어가 기록되어 있는데 여기서는 음식명을 한자와 한글로 중복 기재하면서 후병(厚餠)은 두텁떡이라 하였으며 빈자병(氷子餠)을 빈자떡이라 하여 '병'과 '떡'이란 용어를 함께 사용하였다.

이처럼 떡을 이르는 말은 다양한데, 오늘날에는 떡의 명칭을 재료나 조리법에 따라 구분하지 않고 '떡'이라 하며 한자로는 병(餠), 편(片), 고(餻)를 많이 사용하고 있다. 그런데 간혹 떡이 아니라 떡처럼 한 덩어리로 만들어지는 음식에 '병'과 '편'이라는 명칭을 사용하기도 한다. 앵두편, 오미자편, 살구편과 같은 과편을 지칭하는 '녹말병(綠末餠)'이나 잣을 엿으로 버무려 만든 엿강정인 잣박산을 뜻하는 '백자병(柏子餠)', 숙실과 중 생강으로 만든 강란을 '생강편'이

오쟁이떡

곤떡

빙떡

쇠머리떡

두텁떡

해장떡

라고 하며 우족을 장시간 고아서 만든 음식을 '족편'이라고 하는데 이것 역시 떡은 아니다.

음식에 이름을 붙일 때는 보통 주재료에 조리법을 붙이곤 한다. 쌀가루에 밤, 호박, 쑥, 콩 등 어떤 재료를 섞느냐에 따라 밤떡, 호박떡, 쑥떡, 콩떡 등으로 다르게 부른다. 한편으로는 떡의 모양이나 특성에 따라 이름을 붙이기도 한다. 두텁떡은 안쳐진 떡의 모양이 두꺼워서 두텁떡이라는 이름이 붙었고, 두터울 후(厚)자를 붙여 후병(厚餅), 안쳐진 모양이 봉우리와 같은 봉우리떡, 소를 넣고 쌀가루를 덮은 모양이 '합'이라는 그릇과 비슷하여 '합병(盒餅)'이라고도 하였다. 충청도 지방의 곤떡은 지치로 붉은색 기름을 내어 찹쌀반죽을 지진 떡인데, 색과 모양이 곱다 하여 처음에는 '고운떡'이라고 불렀다. 쇠머리떡은 굳힌 다음 썰어놓은 모양이 쇠머리편육 같다고 하여 그러한 이름이 붙었고 '모두배기'라고도 한다. 황해도 지방의 오쟁이떡은 오쟁이라는 볏짚으로 만든 작은 주머니와 비슷해서 그러한 이름이 붙었다. 빙떡은 제주도의 향토떡으로, 메밀가루로 부친 전병에 흰색 무나물을 넣고 돌돌 말아 만든 것이다. 충청도와 경기도의 강변마을에서 먹던 해장떡은 뱃사람들이 붉은팥고물 인절미를 술국과 함께 먹으면 속이 든든하다고 해서 그러한 이름을 붙였다. 구름떡은 떡을 만들고 썬 모양이 마치 구름 모양 같다 하여 붙은 이름이다. 단오절식인 차륜병은 수레바퀴 모양을 한 절편으로, 수리취를 넣은 절편에 수레바퀴 무늬를 내서 그러한 이름이 붙었다. 고치떡은 멥쌀가루를 쪄내서 친 후 누에고치 모양으로 만든 것이다.

떡에 의미를 담아 이름을 짓기도 한다. 첨세병(添歲餅)은 떡국을 이르는 말로 정월에 떡국을 먹음으로써 나이를 한 살 더 먹게 된다는 의미가 있으며, 석탄병(惜呑餅)은 맛이 강렬하고 차마 삼키기 아까운 떡이란 뜻을 담고 있다.

더 알아보기 | '병(餅)'이나 '편(片)'자를 쓰는 떡이 아닌 음식 |

- 숙실과류: 강병(생강편, 강편), 대조편
- 과편류: 녹말편, 오미자편, 산사편, 앵두편, 살구편 등
- 엿강정류: 백자병
- 정과류: 귤병
- 육류: 족편

백자병(잣박산)

삼색녹말병

강병(생강편, 강편)

2) 시대별 떡의 역사

(1) 삼국시대 이전

우리는 떡을 언제부터 먹었을까? 떡에 관한 문헌은 삼
국시대부터 존재하지만 대부분의 학자들은 삼국이 성립
되기 이전인 부족국가시대부터 떡을 먹었을 것으로 추
정한다. 우리나라는 신석기시대부터 원시농경이 이루어
져 수수, 기장, 피 등 잡곡농사가 쌀보다 먼저 시작되었

갈판과 갈돌

© 국립중앙박물관

다. 신석기 주거지에서는 갈돌, 돌확, 보습, 낫 등의 농기구가 당시의 유물로 출토되어 이를 이
용하여 잡곡을 탈곡·제분하여 떡을 만들었음을 추정할 수 있다. 황해도 봉산 지탑리의 신석
기 유적지에서는 곡물의 껍질을 벗기고 가루로 만드는 데 쓰이는 갈돌이, 경기도 북변리와 동
창리의 무문토기시대 유적지에서는 갈돌의 전 단계인 돌확이 발견된 바 있다. 초기 농경에서
수확된 곡물은 갈돌로 갈아 반죽하고 동물을 사냥하여 얻은 기름을 가지고 돌판 위에 구워
먹는 형태가 가장 초기 단계의 떡으로 추정된다. 신석기시대 화덕터 유적을 보면 주거지 곳곳
에 야외 굽돌 화덕이, 움집 속에서는 화덕터 유물이 발굴되어 옛날 사람들이 지져서 만든 떡
을 먹었음을 조심스럽게 추정해볼 수 있다. 이후에는 신석기시대의 빗살무늬토기를 이용하여
삶은 떡을 먹었을 것으로도 생각해볼 수 있다.

우리 민족의 곡물을 이용한 주식류의 변천은 시대별로 사용되는 도구에 따라 변화하여 왔
다. 토기를 이용한 죽이 가장 먼저였으며 이어 시루를 이용한 찐떡, 찐밥, 솥을 이용한 밥으로
조리도구에 따라 발달되어 갔다. 신석기시대의 빗살무늬토기와 청동기시대의 민무늬토기는
굽는 온도가 낮고 조직이 단단하지 않은 연질토기로, 도정이 잘되지 않은 단단한 곡물을 이
용하여 밥을 짓기는 어렵다. 가루로 만든 곡물을 토기에 물을 넣고 끓여서 죽의 형태로 먹거
나 곡물가루를 반죽한 것을 삶아서 먹었을 것이다.

청동기시대에 들어서는 양쪽에 손잡이가 달리고 바닥에 구멍이 여러 개 난 시루가 가열조
리용구로 발굴되었는데, 이를 통해 곡물을 그대로 찌거나 가루를 내고 쪄서 떡을 만들어 먹
었음을 알 수 있다. 초기 철기시대 이후 전국적으로 시루가 출토됨에 따라 곡물을 가루로 만
들고 시루에 쪄서 먹었으며 떡이 보편화되었음을 알 수 있다. 다만 떡의 주재료로 쌀보다는
조, 수수, 콩, 보리 같은 여러 가지 잡곡류가 다양하게 이용되었던 것 같다.

상고시대의 우리 음식은 일본에 그대로 전해진 것으로 보인다. 일본의 「정창원문서(正創院
文書)」에는 떡 만드는 방법이 상세히 기록되어 당시 떡의 모양새를 짐작하게 해준다. "대두병

© 국립중앙박물관

시루

(大豆餅)은 떡 한 장에 쌀 두 홉, 콩 한 홉을 두고, 소두병(小豆餅)은 쌀 두 홉으로 떡 한 장을 하고 장마다 팥 두 홉씩을 섞는다"라고 적혀 있는 부분에서 콩떡과 팥시루떡을 짐작해볼 수도 있다. 이밖에도 '이리모치리(イリモチヒ: 기름에 지지는 떡)'라는 전병(煎)에 관한 설명을 통해 삼국시대 떡의 다양성을 짐작할 수 있다.

즉, 우리 민족은 삼국시대 이전에 이미 지지는 떡, 삶는 떡, 시루에 찌는 떡을 먹었던 것으로 보이며 이 떡이 무천, 영고, 동맹과 같은 제천의식에도 쓰였을 것으로 생각된다.

(2) 삼국시대와 통일신라시대

삼국시대는 벼농사 중심의 농경 경제를 이룩한 시기로 국가 체제를 갖추기 시작하여 통일신라시대에 이르러서는 사회가 안정되면서 쌀을 중심으로 한 곡물농업이 더욱 확대되어 쌀을 주재료로 하는 떡이 발달하게 되었다. 삼국시대 고분에서 일반적으로 시루가 출토됨과 동시에 「삼국사기」, 「삼국유사」 등 여러 문헌에서 떡이 의례용으로 이용되었음을 확인할 수 있다. 고구려 안악 3호분 고분벽화에는 시루와 디딜방아, 부엌에서 시루를 사용하는 모습을 볼 수 있다. 여기에는 한 여성이 시루에 무엇인가를 찌는 모습이 나타나 있다. 큰 주걱을 든 사람이 왼손에 든 젓가락으로 시루를 찔러 떡이 잘 익었는지 살펴보는 듯한 모습을 통해 당시의 떡 만

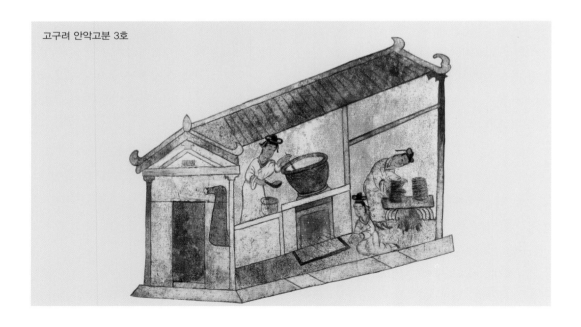

고구려 안악고분 3호

드는 방법이 지금의 것과 크게 다르지 않았음을 알 수 있다.

「삼국사기」 신라본기 유리왕 원년(298년)조에는 남해왕이 돌아가시자 태자인 유리가 당연히 왕위에 올라야 하지만 탈해가 덕이 있다고 여겨 그에게 왕위를 사양하였다고 나와 있다. 탈해가 제안하길 "임금이란 자리는 보통 사람이 감당할 수 있는 것이 아니며 성스럽고 지혜로운 자는 치아가 많다"고 하여 떡을 물어 시험한 결과, 유리의 잇자국이 더 많아 그가 왕위에 올랐고 왕호를 이사금이라 하였다고 전해진다. 이사금은 '이의 자국'이란 뜻이다. 여기서 떡의 종류가 등장하지는 않지만, 깨물었을 때 잇자국이 선명하게 남으려면 멥쌀을 이용한 치는 떡이었을 것이라고 생각해볼 수 있다. 같은 책(권 48호) 열전 백결 선생조 기록에 등장하는 백결 선생은 거문고의 명인으로 세상 일에 달관했던 신라 자비왕대 사람이다. 그는 경주의 남산 밑에 살았는데, 매우 가난하여 누덕누덕 기운 옷을 입고 다닌다고 해서 '백결(百結: 백 번 기웠다는 뜻) 선생'이라고 불렸다. 기록에는 세모(설날)에 이웃에서 떡을 찧는 소리가 났으나 그는 가난해서 떡을 치지 못했고, 그로 인해 부인이 근심하자 거문고로 떡방아 소리를 내어 부인을 위로했다는 이야기가 나온다. 떡방아 소리를 냈다는 기록으로 보아, 이 떡은 쌀을 찌고 떡메로 쳐서 만드는 가래떡·절편·인절미 같은 치는 떡이었을 것이라고 생각할 수 있다. 또한 세모에 절식으로 떡을 하는 풍속이 일반화되어 있었음을 짐작할 수 있다.

「삼국유사」 권 1기이 사금갑(射琴匣)조에는 약식의 유래에 대한 일화가 기록되어 있다. 신라 21대 소지왕 10년 정월 15일에 왕이 신하들을 데리고 경주 천천정(天泉亭)에 행차하였는데, 까마귀가 편지를 주어 모반의 위기에 놓인 왕을 구하게 되었다는 내용이다. 이에 따라 정월대보름을 오기일(烏忌日)이라 하고, 까마귀에게 찰밥을 지어 제를 지내며 보은하는 데서 약식이 유래되었다고 전해진다.

효소왕대(692~702) 죽지랑조에는 "… 공사에 갔더니 응당 거기 가서 대접하라고 하고 설병(舌餅) 한 합과 술 한 병을 가지고"라는 구절이 나온다. 음으로 미루어보면 '설(舌)'은 곧 '혀'를 의미하므로 혀처럼 생긴 인절미나 절편이 있었음을 짐작할 수 있다. 또한 그 음이 유사한 '설병(雪餅)', 즉 시루에 켜 없이 찐 설기떡이라고도 추측해볼 수 있다.

떡은 중요한 제사음식 중 하나로 사용되기도 했다. 「삼국유사」 가락국기 수로왕조에 "조정의 뜻을 받아 밭을 주관하여 세시마다 술, 감주, 떡, 밥, 과실 등 여러 가지로 제사를 지냈다"라는 기록을 보면, 떡이 제사에 필수적인 음식으로 사용되었음을 알 수 있다.

비슷한 시기 발해 사람들도 떡을 만들어 먹었다는 기록도 남아 있다. 「영고탑기략(寧古塔紀略)」 발해국지장편(渤海國志張編) 권17 식화고(食貨考)의 "영안현 지방의 배는 작기는 하지만 맛이 아주 좋아서 이것과 포도를 넣어 찐 시루떡은 볼품과 맛이 더할 수 없이 뛰어나다"라는 기록에서 우리는 그 당시 곡물에 다양한 재료를 넣고 맛을 더하여 떡을 만들었음을 알 수 있다.

(3) 고려시대

고려시대에는 보다 강력한 왕권중심체제가 확립되었으며 삼국시대에 전래되었던 불교도가 절정의 번성기를 맞았다. 불교문화는 고려인들의 음식뿐만 아니라 여러 생활에 영향을 미쳤다. 육식을 멀리하고 채식을 강조하는 경향이 두드러지고, 차를 즐기는 음다(飮茶) 풍속 및 떡과 과정류가 발전하였다. 이와 더불어 권농정책을 실행한 결과, 곡물의 생산량이 증대되어 경제적 여유가 생겼고 떡, 죽, 밥 등 곡물을 중심으로 한 음식의 발전이 한층 촉진되고 떡의 종류와 조리법이 매우 다양해졌다.

밤가루와 찹쌀가루를 섞고 꿀물에 내려 시루에 찐 일종의 밤설기 '율고'는 어찌나 맛이 좋았던지 중국 문헌에까지 기록되었다. 중국의 「준생팔전」에는 '고려율고방'이라는 떡이 소개되어 있고, 한치윤의 「해동역사」에도 고려인이 율고(栗糕)를 잘 만든다고 칭송한 견문이 다음과 같이 나와 있다. "고려의 밤떡[栗糕]은 밤알이 많고 적음에 구애됨이 없이 껍질을 벗겨서 그늘에서 말린 다음 빻아서 가루로 만든다. 이렇게 만든 가루 3분의 2에다가 찹쌀가루를 넣어 반죽하고 꿀물을 넣어 버무려 찐다. 설탕을 넣으면 좋다."

이수광의 저서 「지봉유설」의 《송사(宋史)》를 보면 "고려 때 상사일[上巳日, 음력 3월의 첫 사일(巳日)]에는 푸른 쑥떡, 즉 청애병(靑艾餠)을 제일 맛있는 음식으로 쳤다"라고 나와 있다. 동월(董越)이 쓴 「조선부(朝鮮賦)」에는 "송부(松膚)의 떡·산삼(山蔘)의 떡은 소나무의 겉껍질은 벗겨내고, 그 희고 부드러운 속껍질을 벗겨 멥쌀을 섞어 쪄서 떡을 만든다. 산삼이란 약에 쓰는 것이 아니다. 그 길이는 손가락만 한데 형상은 무와 같다. 요동 사람들은 그것을 산무라 하고, 거기에 멥쌀을 섞어 쪄서 구워서 떡을 만든다. 또 3월 3일에 그 보드라운 쑥잎을 뜯어 멥쌀가루를 섞어 쪄서 떡을 만드니 그것을 쑥떡(艾餻, 애고)이라 한다"라고 되어 있다. 고려 이전에는 곡식의 가루만을 쪄서 만들던 설기떡류가 주를 이루었다면, 이 시기에는 멥쌀가루 또는 찹쌀가루에 밤과 쑥, 송기 등 제철 재료를 넣으면서 떡의 종류가 훨씬 다양해졌다.

이색의 「목은집」에는 수단과 찰수수전병에 관한 이야기가 나온다. 그는 유두일 절식으로 유두일(流頭日)에 먹는 수단에 대해 "백설같이 흰 살결에 달고 신맛이 섞였더라. 오래 씹으면 청량한 맛이 몸을 적시리…"라고 읊었다. 여기서 수단(水團)이란 쌀가루를 반죽하여 경단과 같이 만들어 끓는 물에 삶아 꿀물에 넣고 잣을 띄운 것이다. 또 점서(粘黍), 찰수수전병에 관한 시도 수록되어 있다. 수숫가루를 반죽하여 기름에 지져 사이에 팥소를 넣고 부친 이 떡은 오늘날의 수수부꾸미와 비슷하다.

불교문화와 더불어 원나라와의 교류도 고려의 음식문화에 많은 영향을 주었다. 특히 밀가루에 술을 넣고 발효한 것에 채소로 만든 소나 팥소를 넣고 찐 상화(霜花)에 대한 기록이 여럿 남아 있다. 고려가요에 등장하는 '쌍화점'은 상화를 파는 가게의 이름으로 당시 고려에 상

청애병

수수부꾸미

상화

송기절편

화를 파는 전문점이 있을 정도로 이것을 꽤 즐겨 먹었음을 알 수 있다. 고려시대에는 떡의 종류가 다양해졌을 뿐만 아니라 서민들의 생활과 밀접한 음식이 되었음이 나타나 「고려사」에는 광종이 걸인(乞人)에게 떡으로 시주하였으며, 신돈(辛頓)이 부녀자에게 떡을 던져주었다는 기록이 남아 있다. 또한 상사일에 청애병(쑥떡)이나 유두일에 수단을 해 먹었다는 기록으로 보아, 떡이 점차 시절음식으로 정착되었음을 알 수 있다.

(4) 조선시대

조선시대에는 농업기술과 양곡 생산이 증가되었으며 조리가공법이 발달되어 전반적으로 식생활문화가 향상되었다. 이에 따라 떡의 종류와 맛도 한층 다양해져 궁중과 반가를 중심으로 떡 빚는 솜씨가 세심해지고 다양한 떡 제조법이 발달하였다. 처음에는 단순히 곡물을 쪄 익혀 만들던 것을 다른 곡물과 배합하거나 과일, 채소, 꽃, 야생초, 약재 등을 넣어 맛과 색, 모양 등에 변화가 일어났다. 이 시기에 편찬된 각종 조리 관련서에는 매우 다양한 떡이 수록되어 있으며 각 지역에 따라 특색 있는 떡이 소개되기도 한다.

조선시대에는 유교의 영향으로 관혼상제의 풍습이 일반화되어 각종 의례와 무의(巫儀) 등에 떡이 필수로 쓰였다. 특히 의례식이 발달하면서 떡과 한과가 고임상에서 큰 비중을 차지하며 발달하였다. 고임상은 '고배상', '망상'이라고도 하며 고임상에 차린 음식은 주인공이 먹지 않고 입맷상에 차린 음식을 먹었다.

이때 주로 만들어진 설기떡류로는 백설기, 밤설기, 쑥설기, 감설기 외에 잡과점설기, 잡과꿀설기, 도행병(桃杏餠), 꿀설기, 석이병, 무떡, 송기떡, 승검초설기, 막우설기, 복령조화고, 상자병, 산삼병, 남방감저병, 감자병, 유고, 기단가오 등이 있다. 대표적인 약떡 복령조화고(규합총서, 1815년)는 백봉령, 연육, 산약, 검인을 곱게 가루 내어 멥쌀가루에 섞어 찐 것인데 이것을 바로 먹거나 혹은 말려서 응이를 쑤어 먹었다고 전해진다. 기단가오와 유고는 이 시기에만 만들

고희연 큰상

회갑 큰상

신과병

복령조화고

깨찰편

녹두시루떡

어진 떡이다. 기단가오(규합총서, 1815년)는 메조가루에 삶은 대추, 콩, 팥을 섞어 무리병으로, 차진 메조가 생산되는 북쪽 지방의 향토떡이다. 한편 유고는 참기름에 소금을 약간 넣어 쌀가루에 섞은 다음 잣과 대추를 잘게 썰어 고명으로 얹고 시루에 찐 것으로(역주방문, 1800년대 중엽) 오늘날의 백편과 유사하다.

시루떡은 팥시루떡, 콩시루떡 외에 무시루떡, 꿀찰편, 신과병, 청애메시루떡, 녹두편, 거피팥메찰시루떡, 깨찰편, 적복령편, 승검초편, 호박편, 두텁떡, 혼돈병 등이 나타났다. 신과병은 새롭게 추수한 과일을 넣어 찐 시루떡으로 거피한 햇녹두를 켜켜로 안쳐서 쪘다. 깨찰편은 찹쌀가루와 깨고물을 켜켜이 쌓아 찐 떡으로 궁중의궤에는 '임자점증병(荏子粘甑餠)'이라고 되어 있다.

석탄병(惜呑餠, 규합총서, 1815년)은 어쩌나 맛이 좋은지 달고 향긋한 맛이 삼키기 아까운 떡이란 뜻으로, 수시(水柿: 물이 많고 연한 감)의 껍질을 벗기고 생밤을 치듯 깎고 넣어 말려 가루로 만든 것이다. 멥쌀가루를 반씩 섞고 사탕가루를 많이 섞어 찐다. 귤병(橘餠: 설탕이나 꿀에 졸인 귤)과 민강(閩薑: 생강을 꿀이나 설탕물에 조려 만든 정과)을 섞어 안치고 잣가루, 계핏가루, 대추, 밤 삶은 것을 채쳐 가득히 흩어 찌는데, 말린 감가루를 많이 섞고 잣가루와 대추채·밤채를 고물로 올려 맛을 낸다. 100여 년이 지난 『조선요리제법』(1934) 속 석탄병은 감가루 1되, 잣 3홉, 백미 1되, 계피 2순가락, 대추 3홉, 밤 3홉, 녹두 1되 반, 소금 1순가락으로 제시되어 재료의 분량이 좀 더 구체화되었고 밤·대추채 대신 녹두고물이 들어가면서 같은 떡이라도 시대에 따라 조리법이 변한다는 것을 보여주었다.

두텁떡은 찹쌀가루에 대추, 밤, 잣 등의 소를 박고 다시 쌀가루를 올려 봉우리처럼 안친 후 볶은 팥고물을 얹어 찐 떡으로 궁중의 대표적인 떡이다. 이름도 여러 가지인데 안쳐진 모양이 봉우리와 같다 하여 봉우리떡, 소를 넣고 쌀가루를 덮은 모양이 그릇 중 합과 비슷하다고 하여 합병(盒餠), 두터울 후(厚)자를 붙여서 '후병(厚餠)'이라고도 한다. 궁중잔치에도 여러 번 쓰인 최고의 떡이다. 「규합총서」의 혼돈병은 찹쌀가루, 승검초가루, 후춧가루, 계핏가루, 건강

석탄병

절편

인절미

(乾薑), 꿀, 잣 등을 사용하여 두텁떡과 유사하게 조리한 것이다. 그러나 「증보산림경제」(1766년)의 혼돈병은 이름만 같고 내용이 매우 다르다. "메밀가루를 꿀물에 타서 죽처럼 하여 질그릇 항아리에 넣어 입구를 단단히 봉하고 겻불 속에 묻는다"라고 되어 있는데 제법이나 재료가 다른 떡과 구별된다.

찌는 떡뿐만 아니라 치는 떡도 다양하게 발전하였다. 인절미는 찹쌀을 쪄서 치는 단순한 형태였으나 점차 쑥, 대추, 당귀잎을 넣고 쳐서 색다른 맛을 내는 것으로 바뀌었다. 또한 조인절미라 하여 처음부터 찹쌀에 기장조를 섞어 찌기도 하였다. 궁중에서는 인절미를 인절병(引切餠), 은절병(銀切餠)이라 했는데, 이는 차진 떡을 잡아당겨 끊는다는 의미를 가지고 있다. 인절미는 '분자', '자고', '타고'라고도 한다. 『원행을묘정리의궤』(1795)를 보면 '각색인절병'에 찹쌀, 거피팥, 대추, 석이, 곶감, 깨, 잣, 꿀이 재료로 쓰인 것으로 보아 거피팥고물을 묻힌 대추인절미, 잣가루고물을 묻힌 석이인절미, 깨고물을 묻힌 곶감인절미의 세 가지를 만들어 올린 것으로 보인다.

절편은 '절병'이라고도 하며 치는 떡의 대표로 멥쌀가루를 쪄서 친 떡덩어리를 길게 만들어 떡살로 모양을 낸다. 꽃절편은 친 떡덩어리를 골무떡으로 만들어 쑥, 수리취, 송기 등으로 물을 들인 떡조각을 올린 다음 둥근 떡살로 무늬를 박아 모양과 색을 더욱 아름답게 하였다. '긴 다리같이 만든 떡(동국세시기, 1849년)'이었던 흰떡은 '손가락 두께처럼 하여 한 치 너비에 닷 푼 길이로 잘라(음식방문, 연대 미상) 만든 골무떡이나 산병, 환병 등 여러 가지 모양으로 만들어졌다.

조선시대에 이르러 소를 넣고 반달 모양으로 빚은 개피떡이 문헌에 본격적으로 등장하기 시작하는 것도 흥미롭다. 『시의전서』(1800년대 말엽) 속 개피떡은 "흰떡 치고 푸른 것은 쑥 넣어 절편 쳐서 만들되 팥거피 고물하여 소 넣어, 탕기 뚜껑 같은 것으로 때내고"라고 되어 있어 오늘날의 모습과 매우 유사했음을 알 수 있다.

전병류로는 차수수전병부터 찐 토란을 찰가루에 반죽하여 지진 토란병, 마를 찌거나 지져서 만드는 산약병(서여향병) 등이 있었다. 메밀가루에 설탕과 꿀을 넣고 반죽하여 쪄낸 다음 얇게 밀어서 기름에 지진 떡은 '권전병', 둥글게 자른 것은 '송풍병'으로 지지는 떡의 재료가 다양하였다. 『음식디미방』(1670년경)에는 '전화법'이라 하여 두견화(진달래), 장미꽃, 출단화를 찹쌀가루에 섞어 지져낸다고 되어 있는데 오늘날과 만드는 방법이 거의 같다.

주악은 지지는 떡의 일종인 전병류이다. 이것은 조악전이라 하여 "백미를 가지고 가루로 만들어 설탕물로 반죽하고 설탕가루로 속을 넣어 배가 약간 볼록하게 하여 향기로운 기름에 지져서 먹는"(수문사설, 1740년대) 것이었으나 이후 주재료가 찹쌀로 바뀌었다. 다만 『규합총서』 (1815년)를 보면 "소를 넣어 만두과처럼 가를 틀어 살 잡아 빚어" 만들라고 되어 있고 궁중잔치에는 조악이라는 떡이 상에 오른 기록이 남아 있다.

'빈자병'은 기름에 지지는 떡으로 『음식디미방』에서 비로소 모습 드러내었다. 당시의 빈자병은 "녹두를 거피하여 되직하게 갈아서 팬에 기름을 부어 끓으면 조금씩 떠 놓아 거피한 팥을 꿀에 말아 소로 넣고, 또 그 위에 녹두 간 것을 덮어 빛이 유지빛 같이 되게 지져야 한다"라고 나타나 있어 오늘날의 빈대떡과 달리 떡에 보다 가까운 모습이었음을 알 수 있다.

경단류는 「요록」(1680년경)에 '경단병'으로 처음 등장하여 『음식방문』, 『시의전서』(1800년대 말) 등 이후의 문헌에도 나타난다. "경단병을 찹쌀가루로 떡을 만들어 삶아 익힌 뒤 꿀물에 담갔다가 꺼내어 청향을 바르고 그릇에 담아 다시 그 위에 꿀을 더한다"라고 말이다.

토란병

각색주악

빈자병

단자류는 인절미와 비슷하지만 찹쌀가루를 삶거나 찌고 꽈리가 일도록 쳐서 밤 또는 깨, 팥 고물을 넣어 동글하게 빚어 꿀을 바르고 고물을 묻힌 것이다. 찰떡 중에서도 품이 많이 들어 가는 떡으로, 궁중이나 반가의 잔치 고임떡에 웃기떡으로도 쓰였다. 쌀가루에 섞는 재료에 따라 승검초단자, 쑥구리단자, 석이단자, 은행단자, 유자단자, 건시단자, 잡과단자 등 다양한 종류가 만들어졌다. 『시의전서』의 귤병단자는 귤병을 곱게 다지고 꿀물을 진하게 타서 찹쌀가루와 섞어 버무려 찐 후 찐 떡에 꿀과 계핏가루를 섞어 주무르고 네모반듯하게 하여 잣가루를 묻힌 것이다.

유자단자 · 잡과단자

서여병

2 떡과 문화

1) 시·절식과 떡

떡사오 떡사오 떡사려오
정월 대보름 달떡이요
이월 한식 송병(松餠)이요
삼월 삼진 쑥떡이로다
떡사오 떡사오 떡사려오
사월 팔일 느티떡에
오월 단오 수리치떡
유월 유두에 밀전병이라
떡사오 떡사오 떡사려오
칠월 칠석에 수단이요
팔월 가위 오려송편
구월 구일 국화떡이라
떡사오 떡사오 떡사려오
시월 상달 무시루떡
동지달 동지날 새알시미
섣달에는 골무떡이라
떡사오 떡사오 떡사려오.

떡사오 떡사오 떡사려오.
두 귀발쪽 송편이요
세 귀발쪽 호만두
네 귀발쪽 인절미로다
떡사오 떡사오 떡사려오
먹기 좋은 꿀설기
보기 좋은 백설기
시금털털 증편이로다

이상은 우리나라 서울지방 민요 「떡타령」의 일부다. 이 짧은 민요에서 열두 달 열두 가지 떡을 이야기하는 것으로 보아, 떡은 우리 생활에 깊게 뿌리내린 음식이었다. 또한 시절식으로 떡이 발달했음을 알 수 있다. '시·절식(時·節食)'이란 '시식'과 '절식'을 합한 말로, '시식'은 시절에 나는 음식, 즉 그 시절에 알맞은 음식이며 '절식'은 '명절식(名節食)'이라고 할 수 있다.

육당 최남선(1890~1957)은 시식과 절식을 제철음식으로 정의하면서 제철에 나는 재료를 그때에 맞게 조리하여 먹는 음식을 '시식' 또는 '절식'이라고 이르며, 그 달의 명일(名日)을 중심으로 설명하였다. 명일은 계절이 바뀌는 것이 아니므로 시식과 절식을 같은 의미로 본 것 같다.

우리나라는 일 년이 사계절로 나누어지고 계절에 따라 수확되는 식품이 달라 입맛에 맞는 제철음식을 즐기면서 건강을 챙기고는 한다. 식품은 대체로 제철의 것이 맛이 좋으며, 계절에 따라 기호적인 요구가 달라지게 된다. 입맛이 없는 봄에는 입맛을 돋우는 음식, 여름과 겨울에는 각각 더위와 추위를 이기는 음식, 가을에는 풍요로움과 새로 추수한 식품을 이용한 음식을 찾게 된다.

혹자는 "요즈음 음식에는 계절감이 없다"라고 말하기도 한다. 예부터 우리 조상들에게는 제철식품을 여러 가지 방법으로 갈무리해두었다가 사용하는 지혜가 있었다. 또 달마다 절기에 따라 명절을 정하고, 해당 계절의 음식을 절식으로 삼아 특별한 음식을 만들어 함께 즐기면서 가족·친척·이웃과의 친분을 다져오곤 했다. 이때 만드는 음식에는 당절임, 염장, 건조 등의 방법으로 잘 갈무리된 식품이 이용되는 경우가 많았다. 예를 들어 갓 추수한 풋콩이 나올 때는 풋콩으로 콩설기를 하고, 추석에 만드는 송편의 소에는 풋콩을 썼다. 한편으로는 말린 콩을 불리고 삶아서 1년 내내 콩을 떡에 이용하기도 했다. 가을에는 늙은 호박을 켜고 말려서 저장해두었다가 미지근한 물에 불려 쌀가루에 섞고 연중 호박고지떡을 만들기도 했다. 복숭아·살구 등의 과즙을 멥쌀가루나 찹쌀가루에 버무리고 말려서 저장해두었다가 가을이나 겨울철 복숭아·살구가 없을 때 도행병, 도행단자 등의 떡을 해 먹기도 했다. 이외에도 계절에 따른 여러 가지 떡이 나타났다.

떡은 절식에서 중요한 음식이었다. 조상들은 계절을 24절기로 나누고, 명절마다 그 계절에 나오는 재료를 이용하여 떡을 만들었다. 명절이란 달마다 의미 있는 날을 정해놓고 기념하는 날로 24절기와는 구분이 되는 개념이다. 갑오경장(甲午更張, 1894) 이전에는 음력을 썼으므로 명절의 대부분이 태음력(太陰曆)에 따른 것이었다. 우리나라에서는 중국의 음양설에서 홀수를 양으로 하고 양수(陽數)가 겹치는 1월 1일, 3월 3일, 5월 5일, 7월 7일, 9월 9일 등을 명절로 삼았다. 보름을 명절로 삼기도 했는데 추석, 정월대보름, 상원, 유두, 백중, 하원(음 10월 15일) 등이 그러한 예다. 이외에도 불교문화를 배경으로 한 등석, 작은 설이라는 동지, 2월 초하루를 중화절로 지내기도 했다.

은행단자, 밤단자

느티떡

24절기

계절	절기
봄	• 입춘(立春): 2월 4일경 • 우수(雨水): 2월 19일경 • 경칩(驚蟄): 3월 6일경 • 춘분(春分): 3월 21일경 • 청명(淸明): 4월 5일경 • 곡우(穀雨): 4월 20일경
여름	• 입하(立夏): 5월 6일경 • 소만(小滿): 5월 21일경 • 망종(芒種): 6월 6일경 • 하지(夏至): 6월 21일경 • 소서(小暑): 7월 7일경 • 대서(大暑): 7월 23일경
가을	• 입추(立秋): 8월 8일경 • 처서(處暑): 8월 23일경 • 백로(白露): 9월 8일경 • 추분(秋分): 9월 23일경 • 한로(寒露): 10월 8일경 • 상강(霜降): 10월 23일경
겨울	• 입동(立冬): 11월 7일경 • 소설(小雪): 11월 22일경 • 대설(大雪): 12월 7일경 • 동지(冬至): 12월 22일경 • 소한(小寒): 1월 6일경 • 대한(大寒): 1월 21일경

시절식과 떡

명절 및 절후(節候)명	떡의 종류
정월 설날	가래떡, 절편, 인절미, 붉은팥시루떡
정월 대보름	약식
2월 중화절	노비송편, 시래기떡
3월 삼짇날	진달래화전
한식과 봄철	쑥버무리, 산병
4월 초파일	증편, 느티떡, 대추떡, 장미화전
5월 단오	수리취절편
6월 유두	상화병, 연병, 밀전병
삼복	증편
7월 칠석	밀전병
7월 백중 및 초가을	제에 올리는 여러 가지 떡, 신과병
8월 추석	오려송편, 무시루떡, 호박시루떡, 인절미
가을	율단자, 토란단자
9월 중구일	국화전
10월 무오일	붉은팥시루떡, 애단자, 밀단고
동지	붉은 팥죽 속에 경단, 붉은팥시루떡

시식과 절식의 풍습 중 떡에 관한 것은 『동국세시기』를 근거로 살펴보도록 한다. '세시기'란 1년 중 철에 따라 행해지는 자연(自然)·인사(人事)에 관한 여러 가지 행사를 적은 책으로 『동국세시기』, 『열량세시기』, 『경도잡지』 등이 있었다. 여기서는 『동국세시기』(홍석모, 1781~1857)에서 발췌한 내용을 중심으로 떡에 관해 살펴보도록 하겠다.

(1) 정월 설날(음력 1월 1일)

설날은 '원일(元日)' 또는 '원단(元旦)'이라고 한다. 설날에 대한 기록은 다음과 같다. "설날의 절식 중 대표되는 것이 떡국이니 다만 흰 쌀가루에 가입(加入)하는 것 없이 떡으로 쳐서 이것 한 가지로 순수한 국을 끓여 먹음은 진실로 번듯한 이유가 있을 바이다. (중략) 흰떡은 본디 종교적 식품이고 떡국은 원시시대 신년 축제 시에 있는 음복적인 것임을 설상함이 억지 아닐 것이다."

가래떡

최남선의 『조선상식 풍속편』에 따르면 설이라 하는 것은 신일(愼日) 혹은 달도(怛忉)라고 되어 있다. 새해가 시작되는 첫날인 만큼 아무 탈이 없어야 평탄하다고 하여 조심하면서 지내야 한다는 뜻의 '설'이란 이름이 붙은 것이다. 즉 '삼가한다'는 뜻이다. 또 이 단어는 '섧다'는 뜻에서 유래된 말로, 해가 지남에 따라 점차 늙어가는 처지를 서글퍼 한다는 뜻으로도 생각할 수 있다.

멥쌀가루를 쪄서 안반 위에 놓고 자루 달린 떡메로 쳐서 길게 만든 떡을 흰떡(백병, 白餠)이라 한다. 이것을 얄팍하게 동전같이 썰어 장국에 넣고 쇠고기나 꿩고기를 넣고 끓인 것을 '떡국(병탕, 餠湯)'이라 한다. 이것은 제사에도 손님 대접에도 사용한 세찬에 없어서는 안 될 음식으로, 국에 넣고 끓였기 때문에 옛날에는 '습면(濕麵)'이라고 부르기도 했다. 시장에서는 시절음식으로 이것을 팔았다. 속담에서는 나이 먹는 것을 "떡국 몇 그릇째 먹었느냐" 표현하면서 '첨세병(添歲餠)'이라고 부르기도 했다. 가래떡을 길게 뽑는 것은 장수를 기원하는 것이었고, 떡을 엽전 모양으로 둥글게 써는 것은 부자가 되기를 바라는 마음이 담긴 것이었다. 쌀 생산이 적은 북쪽 지방에서는 만둣국이나 떡만둣국으로 떡국을 대신하기도 하였다.

멥쌀가루는 시루 안에 깔고 삶은 붉은 팥을 겹겹으로 펴서 쌀가루를 더 두툼하게 깔고, 시루의 대소에 따라 혹 찹쌀가루를 몇 겹 더 넣어 찌는 것을 '증병(시루떡, 甑餠)'이라고 한다. 이 증병으로 새해에 신에게 소원을 빌고, 삭망전(朔望奠)에 올리기도 하며, 아무 때나 무언가를 빌 때도 이것을 올렸다. 절편, 인절미도 이때의 절식이다.

(2) 정월 대보름(음력 1월 15일)

'상원(上元)'이라고 하는 일 년 중 첫 보름이다. 상원 절
식 중 떡은 약식을 들 수 있는데 약식의 유래는『삼국
유사』에 기록되어 있다. 찐 찹쌀에 대추, 밤, 기름, 꿀,
간장 등을 섞어 함께 찌고 잣을 박은 것을 약밥(藥飯)
이라 하는데, 보름날에 먹기 좋은 음식이어서 이것을
두고 제사를 지냈다. 신라의 옛 풍속을 따른 것이다.
생각하건대『동경잡기(東京雜記)』에 "신라 소지왕(炤
智王) 10년 정월 보름날 왕이 천천정(天泉亭)에 행차했
을 때 날아온 까마귀가 왕을 일깨워주었으므로, 우리

약식

나라 풍속에 보름날을 까마귀를 제사하는 날로 삼아 찰밥(약밥)을 만들어 까마귀를 제사함
으로써 그 은혜에 보답하는 것이라"고 했다. 고려시대 문인 이색의 시를 담은『목은집』속 '점
반(찰밥, 粘飯)'이란 시에는 "찰밥에 꿀과 기름을 섞고 잣과 밤, 대추를 넣어서 찐다"라고 되
어 있다. 신라시대의 약밥은 찹쌀을 찐 찰밥인 듯한데 고려시대에 이르러서는 기름과 꿀로 맛
을 낸 달고 기름진 약밥이 된 것으로 보인다. 조선시대『도문대작(屠門大嚼)』에는 "정월 보름
에 약반을 까마귀에게 먹이는 것은 경주의 옛 풍속인데 중국인이 좋아하며 이것을 배워서 고
려반(高麗飯)이라 하였다"고 나와 있다. 약식은 '약밥', '약반'으로 표기하며, 조선시대 풍속세
시기인『경도잡지』와『열량세시기』,『동국세시기』에도 정월 대보름의 시절음식이자 신라시대의
옛 풍속이라고 기록되어 있다.

　조선시대 문헌인『규합총서』에 약밥 만드는 법은 다음과 같이 나와 있다. "좋은 찹쌀 2되를
씻어서 하룻밤을 불린 후 시루에 안쳐 찐 후에 밥소라에 쏟는다. 밤과 대추를 많이 썰어 넣고
꿀 1탕기와 참기름 1보시기, 진장 반 종자와 대추육 1탕기를 넣고 버무려 시루에 다시 담고 솥
에 더운 물을 가장자리까지 차게 붓는다. 시루에 안쳐 테를 두르고 방석 덮고 불을 쐬어 익을
때까지 불을 약하게 종일 때고 시루 속을 종종 뒤집어 섞어 떠내서 잣을 뿌려 쓴다." 즉 약밥
은 불린 찹쌀을 찐 후 양념하고 다시 하루 동안 쪄서 만드는 매우 품이 많이 드는 떡이다.

(3) 이월 중화절(음력 2월 초하루)

음력 2월 1일 중화절(中和節)은 하리아드랫날(노비일)이며 농사철의 시작을 알리며 풍년을 기
원하는 날이다. 농사를 짓는데 큰 도움을 주는 사람이 노비이기 때문에 이날을 '노비일'이라
고 부르고 노비를 대접하는 풍속이 있었다. 대접하는 음식 중 떡으로는 송편이 많았는데 음
력 2월에 먹는다고 해서 '이월떡', 노비에게 먹인다고 해서 '노비송편', 2월 초하루(삭일)에 먹

는다 하여 '삭일송편', 나이 수만큼 주었다고 하여 '나이
떡' 또는 '나이송편'이라고도 하였다.

노비송편

『동국세시기』에는 "정월 보름날 세워두었던 화간(禾竿:
벼가릿대)에서 벼이삭을 내려다가 흰떡을 만든다. 크게는
손바닥만 하게, 작게는 계란만 하게 만드는데 모두 반달
의 둥근 옥 같다. 콩을 불려서 만든 떡소를 떡 안에 넣고
만들어 시루 안에 솔잎을 겹겹이 깔고 넣어서 찐다. 푹
익힌 다음 꺼내어 물로 닦고 참기름을 바른다"라고 되어
있다. 『조선상식문답』(풍속편)에는 송편소로 작년 김장에 말려두었던 시래기를 넣었다는 기록
도 있다. 이것을 '송편(松餠, 송병)'이라하며 노비들에게 나이 수 대로 먹였다.

(4) 삼월 삼짇날(음력 3월 3일)

진달래화전

'중삼절(重三節)'이라고도 한다. 삼월 중에 처음 사일(巳
日)을 명절로 하여 상사(上巳)의 명칭이 붙은 것이다. 그
후 초 3일로 고정되어 중삼(重三)의 명칭이 생겼다. 강남
갔던 제비가 돌아오는 날로, 집안의 우환을 없애고 소원
성취를 비는 산제를 올렸다. 또한 양의 수가 겹치는 날로
꽃이 피고 새싹이 나며 봄의 기운이 만연하여 사람들이
산으로 놀러가는데 이를 '화류놀이'라고 했다. 지방에 따
라서는 '화전놀이', '꽃놀이'라고 하며 진달래화전(花煎)을 비롯한 음식을 먹고 하루를 즐겼다.
진달래꽃을 따다가 찹쌀가루에 반죽하여 둥근 떡을 만들고, 그것을 기름에 지진 것은 화전
(花煎, 꽃전)이라 한다. 『지봉유설』의 「송사(宋史)」를 보면 "고려 때에는 상사일[上巳日, 음력 3
월의 첫 사일(巳日)]에 푸른 쑥떡, 즉 청애병(靑艾餠)을 제일 맛있는 음식으로 쳤다"라고 나와
있다.

(5) 한식

동지에서 105일째 되는 날이다. '한식(寒食)'이란 명칭은 나라에서 봄에 새로 불을 만들어 대
궐 안에서부터 민간에 배포하고, 그에 앞서 묵은 해에 써오던 불을 금단하였기 때문에 불이
없어 찬 그대로 먹는다 하여 붙은 것이다. 산과 들에 어린 쑥이 많이 날 때 이것을 멥쌀가루
에 섞어 쑥버무리를 만들어 먹었다. 쑥떡은 먼저 조상님께 올린 다음, 식구들끼리 나누어 먹
으며 봄의 향취를 만끽했다.

(6) 봄철

떡집에서는 멥쌀로 희고 작은 떡을 만드는데 방울 같은 모양의 떡 속에 콩을 소로 넣고 머리쪽을 오므려서 만든다. 거기에 오색 물감을 들여 다섯 개를 죽 잇는데 그 모양이 마치 연주(聯珠)와 같다. 이것을 혹 청·백색으로 반원같이 만들기도 하는데 작은 것은 다섯 개, 큰 것은 두세 개를 이어 붙이며 이것을 '산병(散餠, 꼽장떡)'이라고 한다.

송피(松皮, 소나무 속껍질)와 청호(靑蒿, 제비쑥)를 섞어 오색의 둥근 떡을 만들기도 하며 이것을 '환병(環餠)'이라 한다. 이 중에서 큰 것은 '마제병(馬蹄餠)'이라고 부른다. 찹쌀에 대추를 섞어 증병(甑餠, 시루떡)도 만든다. 모두 봄철의 시절음식이다.

생각하건대 『세시잡기(歲時雜記)』를 보면 "두 사일(社日)에 떡 먹기를 좋아하는데 대추로 떡을 만든다"라고 나와 있다. 지금의 풍속 또한 그러하다. 사일(社日)이란 춘분과 추분 사이에서 가장 가까운 무일(戊日)이다. 춘분의 것은 '춘사', 추분의 것은 '추사'라고 하는데 춘사에는 곡식의 성육(成育)을 빌고 추사에는 그 수확을 감사한다. 남산(南山) 아래에서는 술을 잘 빚고 북부에서는 좋은 떡을 많이 만들어서 서울 속담에 "남주북병(南酒北餠)"이란 말이 남아 있기도 하다.

(7) 사월 초파일(음력 4월 8일)

'부처님이 태어나신 달'이라 하여 불가에서만 경축하다가 차츰 일반인들도 명절로 인식하게 되었다. 느티나무에 새싹이 돋을 때로, 이것을 따고 멥쌀가루에 섞어 시루떡을 찌는데 이것이 바로 '느티떡'이다. 이 시기에는 장미꽃이 피기도 해서 이것으로 '장미화전'을 부치기도 한다. 석남은 고산(高山)식물로 상록활엽관목이다. 석남(石楠)의 잎을 붙인 증편도 이때의 절식이다.

증편

이 계절에 떡을 파는 집에서는 쌀가루에 술을 넣고 반죽하여 부풀어오르게 해서 마치 방울같이 만든다. 또 삶은 팥에 꿀을 섞고 소를 만들어 떡 속에 넣기도 한다. 그 위에 대추의 살을 떼어 붙여 찐 것을 '증편(蒸餠)'이라고 한다. 증편은 청색과 백색의 두 빛깔이 있는데, 청색이 나는 것은 당귀(當歸, 승검초)잎가루를 섞었기 때문이다. 『예원자황(藝苑雌黃)』에는 "한식에 밀가루로 증편을 만드는데, 모양은 둥글고 대추를 붙인 것을 조고(棗餻, 대추떡)라 한다"고 나와 있다. 지금의 풍속이 여기서 나온 것이다. 또 방울같이 부풀어오르게 하지 않고 판으로 만들어서 쪄 먹기도 한다. 노란 장미꽃을 따다 찹쌀 반죽에 붙여 떡을 만들어서 기름에 지져 먹기도 하는데 이것은 마치 삼짇날 화전(花煎)과 같은 것이었다.

(8) 오월 단오(음력 5월 5일)

5월 초, 5일은 월일(月日)에 홀수가 겹치는 명절로 '중오절(重五節)'이라고도 한다. 일 년 중에서 양기가 가장 왕성한 시기로 '천중가절(天中佳節)'이라고도 일컫는다.

차륜병

단오는 다른 이름으로 '수릿날(戌衣日)'이라고도 한다. '술의(戌衣: 수뢰로 連音됨)'란 우리나라 말의 수레(車)를 의미한다. 그래서 단옷날이 되면 수레바퀴 문양의 떡을 만들어 먹은 것이다. 단오날의 떡으로는 수리취절편이 있는데, 멥쌀가루를 찐 다음 매우 쳐서 수레바퀴 모양의 떡살로 문양을 내어 '차륜병(車輪餅)'이라고도 한다. 수리취를 넣었다고 해서 수리취절편, 수레바퀴 모양이라 하여 차륜병, 쑥잎을 넣어 '애엽병(艾葉餅)'이라고도 부른다. 전라도 지역에서는 단옷날 수레바퀴 문양의 떡살로 만든 수리취절편을 먹으면서 인생이 수레바퀴처럼 술술 잘 돌아가기를 기원했다.

(9) 유월 유두

6월 보름을 '유둣날'이라고 한다. '유두'란 동류두목욕(東流頭沐浴)의 준말이다. 동쪽으로 흐르는 물에 목욕을 하고 몸에 붙은 부정을 씻어 낸다는 의미이다. 이날의 절식으로는 상화병(霜花餅), 연병(連餅), 밀전병 등이 있다. 밀가루를 술로 반죽하여 발효한 것으로 콩이나 깨에 꿀을 섞은 소를 싸서 찐 것을 '상화병(霜花餅)'이라고 한다. 또 밀가루를 반죽하여 기름에 지지고 오이나물로 만든 소를 싸거나 콩과 깨에 꿀을 섞은 소를 싸서 각기 다른 모양으로 오므려 만든 것을 '연병(連餅)'이라고 한다. 잎 모양으로 주름을 잡아 오이나물로 만든 소를 싸고, 채롱에 쪄서 초장에 찍어 먹기도 한다. 이것은 모두 유둣날의 시절음식으로, 제사에 사용하기도 한다. 전병은 밀가루로 전병을 부쳐 채소·버섯·고기 볶은 것을 싼 것이다.

(10) 삼복

하지 후 셋째 경일(庚日)은 '초복', 넷째 경일은 '중복', 입추 후 첫 경일은 '말복'이라 하며 이 셋을 통틀어 '삼복'이라 한다. 경(庚)은 일곱째 천간을 이르는 말이다. 복날은 양기에 눌려 음기가 엎드려 있는, 모든 사람이 더위에 지쳐 있을 시기다. 이때 증편을 많이 해 먹었다. 증편은 멥쌀가루를 술로 반죽하여 발효시킨 것으로 쉽게 변질되지 않기 때문이다.

(11) 칠월 칠석

양수가 겹치는 중양의 명절이다. 이 시기에는 밀전병을 만드는데, 그 안에 꿀로 반죽한 깨를 소로 넣는다. 초가을에 새로 추수한 과일을 섞은 것은 '신과병'이라고 한다.

(12) 칠월 백중

전통적인 보름 명절의 하나이다. 중원(中元) 또는 망혼을 천도하는 제를 절에서 지내며 이때 여러 가지 떡을 마련한다.

(13) 팔월 추석

음력 8월 15일로 우리나라의 큰 명절 중의 하나이며 가배일(嘉俳日), 중추절(仲秋節), 가위, 한가위라고도 한다. 보편적인 절식은 송편(松餠)이지만 일정한 음식으로 규정되기보다는 햇곡식과 햇과일로 만든 것을 이날의 절식이라고 보면 된다. 햅쌀로 빚은 송편을 '오려 송편'이라 하는데 쌀가루를 익반죽할 때 쑥이나 모시잎, 송기를 넣어 만들기도 한다. 이와 같이 햅쌀로 송편을 만들고 햅쌀가루에 무와 호박을 섞어 시루떡도 만든다.

송편

참쌀가루를 찌고 쳐서 떡을 만들고, 검은 볶은 콩가루나 누런 콩가루, 깨소금을 묻힌 것은 '인병(引餠, 인절미)'이라고 한다. 이는 곧 옛날의 자고(餈餻)로 한(漢)나라 때 마병(麻餠)의 한 종류이다. 또 참쌀가루를 쪄서 달걀같이 둥근 떡을 만들고 삶은 밤을 꿀에 개어 붙이는데, 이것은 '율단자(栗團子)'라고 한다.

『세시잡기』에는 "두 사일(社日)과 중양(重陽, 9월 9일)에 밤으로 떡을 만든다"라고 되어 있다. 지금의 풍속이 여기서 비롯된 것이다. 또한 토란을 쪄서 율단자처럼 만든 '토란단자(土卵團子)'도 있다. 모두 가을철의 시절음식이다.

(14) 구월 중구일

'중양절'이라고도 하며 음력 9월 9일로 양수가 겹쳤다는 뜻이다. 추석 때 햇곡식이 나오지 않을 경우 날짜를 미루어 중양절에 차례를 지내기도 하는데 이를 '중구차례'라고 한다. 특히 햇곡식이 나온 것을 감사하며 햇곡식으로 천신을 한다. 『한양세시기』를 보면 "9월 9일에는 사당에 국화전을 바친다"라는 기록이 있으며 농가월령가 9월령에는 "화전을 부처 천신한다"는 내용이 있다. 국화전은 찹쌀가루를 반죽하여 국화꽃잎이나 국화잎을 넣어 지진 것으로 진달래 화전과 같은 방법으로 만든다.

(15) 시월 무오일

우리 민족은 10월을 일 년 중 가장 좋은 달로 여겨 '상달(上月)'이라고 부른다. 실제로 농가에서 가을걷이가 끝나고 햇곡식 수확을 마무리하는 시기이다. 이때 마을과 집안의 풍요를 빌고 자 마을에서는 당산제(堂山祭)를, 집안에서는 고사를 지낸다. 고사를 지낼 때는 붉은팥시루 떡을 시루째(온시루떡) 대문, 장독대, 대청 등에 놓고 집을 지킨다는 성주신을 맞이하며 빈다. 또한 10월 오일(午日) 말날에도 붉은팥시루떡을 시루째(온시루떡) 외양간에 가져다놓고 말의 건강을 빈다. 시루떡 외에 애단자, 밀단고 등도 있다. 『동국세시기』에 "애단자는 찹쌀·콩·쑥· 꿀로 만들어 8월과 10월의 음식으로 먹었다"고 나와 있으며, "밀단고는 찹쌀가루로 동그란 떡을 만들어 익힌은 콩을 꿀에 섞어 바른 붉은빛이 나는 떡으로 초겨울이 시식이다"라고 나 와 있다.

오일(午日)은 '말날'이라고도 한다. 팥으로 시루떡을 만들어 외양간에 가져다놓고 신에게 기 도하여 말의 건강을 빌었기 때문이다. 그러나 병오(丙午)의 날은 이용하지 않는다. 병(丙)은 병(病)과 음이 같으므로 말의 병을 꺼리기 때문이다. 그러므로 무오일(戊午日)이 가장 좋은 날 로 여겨진다.

(16) 동지

하지로부터 낮이 짧아지다 동지(冬至)에 이르면 조금씩 길어진다. 이날은 태양이 죽음으로부 터 부활한다고 보았으므로 신년의 원단(元旦: 설날 아침)으로 보는 풍습이 있어 '작은설(亞 歲)'이라고도 한다. 양력으로 12월 21일 또는 22일인데 음력으로 하면 11월이 동짓달이 된다. 음력 11월 10일이 못 되어 드는 동지를 '애동지'라 하는데, 이때는 팥죽 대신 붉은팥시루떡을 하는 풍습도 있다.

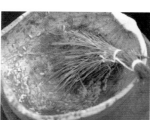

동짓날 팥죽 뿌리기

붉은 팥죽은 고사에 쓰는 붉은팥시루떡과 같이 문짝에 팥죽을 뿌려서 사귀를 쫓는 벽사의 의미를 가진다. 팥죽에 찹쌀가루를 익반죽하고 둥글게 빚어 만든 새알심을 나이 수대로 넣어 먹는 풍습도 있다. 동짓날은 아세(亞歲: 다음해가 되는 날)라고도 하는데 이날에는 찹쌀가루로 만든 새알 모양의 떡을 팥죽 속에 넣은 후 꿀을 타서 시절음식으로 삼아 제사에 쓴다. 팥죽은 대문과 벽에 뿌리고 나서 사람이 먹었다. 이렇게 하면 액이나 질병이 없어지고 잡귀가 근접하지 못한다고 믿은 것이다.

2) 통과의례와 떡

통과의례(通過儀禮)란 사람이 태어나서 생을 마칠 때까지 반드시 거치게 되는 몇 차례의 의례를 말한다. 주인공이 살아서 맞으면 '잔치'라 표현하고, 태어나기 전이나 죽은 후 맞으면 '잔치'라는 말을 붙이지 않는다. 다시 말해 백일, 돌, 혼인, 회갑, 칠순, 팔순, 생일 등에는 '잔치'라는 말이 붙고 삼신상이나 상례, 제례에는 '잔치'라는 말이 붙지 않는다. 잔치란 경사스런 날에 음식을 마련하고 손님을 청하여 함께 먹고 즐기는 것이고 이런 날을 '잔칫날'이라고 한다. 각 통과의례에는 음식이 마련되었는데 각기 의미가 부여되어 의례와의 관련성이 있었다. 의례마다 다른 떡이 마련된 것이다.

(1) 삼칠일(세이레)
아이가 태어나 7일이 되면 초이레, 14일이 되면 두이레, 21일이 되면 세이레(삼칠일, 21일)라고 부른다. 세이레 전까지는 부정을 꺼려 외부인이 함부로 드나들지 못하도록 금줄(인줄)을 매어 놓았다. 이날은 특별하게 금줄을 떼고 순백색의 백설기를 마련하여 집안에 모인 가족이나 친지끼리 나누어 먹었다. 아무것도 넣지 않은 백설기는 산모와 아이가 속인의 세계에 섞이지 않게 삼신의 보호 아래 둔다는 신성의 의미를 가진다. 삼칠일의 백설기는 집안에서만 나누어 먹고 밖으로는 내보내지 않았다.

(2) 백일
아이가 태어난지 100일이 되는 날로, 삼칠일까지는 아기를 보호하고 산모의 건강 회복을 위한 의례적인 행사가 주를 이뤘다면 백일에는 아이 본위의 잔치를 벌인다. 백일 잔치 때는 친척과 이웃을 초대하여 대접하고 떡을 나누어 먹는데, 이때 떡을 칼로 자르지 않고 주걱으로 떠내어 나누는 것이 관습이다. 백일떡은 백 명에게 나누어주어야 아이의 명(命)이 길어진다고 여겨 축의음식을 밖으로 돌려 나누었으며, 이 떡을 받은 집에서는 빈 그릇을 그냥 돌려보내지 않고 덕담과 함께 답례로 쌀·실·돈 같은 것을 떡이 담겨 있던 접시에 담아 돌려보낸다. 여기에는 "다시 좋은 일이 있어서 맛있는 것을 주십시오"라는 인사의 뜻이 담겨 있었다. 또한 밥그릇이나 국그릇 또는 수저를 선물했는데, 여기에는 아기를 한 사람으로 인정한다는 뜻도 담겨 있었다.

백일상

백일상에는 흰쌀밥과 미역국, 백설기(백설고, 흰무리), 붉은팥수수경단, 오색송편, 무지개떡 등을 준비한다. 백설기는 신성의 의미가, 붉은팥수수경단은 귀신이 적색을 피한다 하여 붉은 곡식인 차수수로 경단을 만들고 붉은팥으로 고물을 하여 액을 막는다는 의미가 있다. 찰수수경단은 백일부터 10살 전의 생일까지 만들어주는데 이는 삼신이 지켜주는 나이에 이르기까지 잡귀가 붙지 말라는 벽화의 의미를 가진다. 오색송편은 다섯 가지로 물들여 만드는데 '오행'과 '오덕'이 있으며 만물과 조화를 이루면서 속이 꽉 찬 사람으로 성장하기를 기원하는 의미가 담겨 있다.

(3) 돌

생후 1주년을 일컫는 말로 '초도일(初度日)', '수일(晬日)', '주년(周年)'이라고도 한다. 아이가 첫돌을 맞으면 발육이 현저하게 달라지고 자기 의사에 따라 행동하며 걸음마를 하기 시작한다. 돌에는 아이에게 새 의복을 만들어 입히고 떡과 과일을 위주로 한 돌상을 차려 돌잡이를 한다. 돌잡이란 둥근 돌상 앞에서 주인공인 아기가 물건을 잡는 것을 보고 아이의 장래를 점치는 것이다. 돌잡이 상에는 쌀, 떡, 돈, 실, 책, 붓, 벼루, 활, 화살, 과일, 대추, 천자문 등을 놓는데 딸의 경우에는 활이나 화살 대신 자나 실패 등을 놓아준다. 돌상에 있는 각 물건에는 수복강녕, 부귀다남 등 좋은 뜻의 주술적인 의미를 부여한다. 돌상에 올리는 떡으로는 백설기와 붉은팥수수경단, 오색송편, 무지개떡, 인절미 등이 있다. 이 중에서 백설기와 붉은팥수수경단은 반드시 준비한다. 백설기는 신성함과 정결, 붉은팥수수경단은 덕을 쌓으라는 뜻과 함께 액을 예방하고 무병하기를 바라는 것이다. 무지개떡은 아이의 꿈이 무지개처럼 펼쳐지고, 인절미는 끈기 있고 단단한 마음을 가지라는 의미를 담고 있다. 오색송편은 만물의 조화를 의미하는데, 이때 아이의 뜻과 마음이 넓어지라는 의미에서 속이 빈 송편을 만들기도 한다.

남아
돌상

여아
돌상

평생도 초도호연 돌잡이

(4) 책례, 책씻이, 책걸이

책례(冊禮)란 아이가 서당에 다니면서 책을 한 권
씩 뗄 때마다 행하던 의례로 어려운 책을 끝낸 것
에 대한 자축 및 축하, 격려의 의미를 가진다. 이때
오색송편과 다른 음식을 푸짐하게 만들어서 선생
님 및 친구들과 나누어 먹는다.

책례

(5) 관례

관례(冠禮)는 요즘의 성년식에 해당되는 것으로, 아이가 자라서 어른이 되었다는 사실을 상징하기 위해 갓을 씌우는 의식이다. 여자에게 행하는 것은 '계례(筓禮)'라고 했는데, 이때 땋아 내린 머리를 올리고 비녀를 꽂는 의식을 행한다.

(6) 혼례

혼례(婚禮)는 남녀가 부부의 인연을 맺는, 통과의례 중에서도 중요한 행사이다. 이것은 사례라 하여 의혼, 납채, 납폐, 친영의 절차를 거친다. 납채의 절차 중 하나로 신랑 집에서 신부 집에 함을 보내는데, 두 집에서 각각 축복의 의미로 봉치떡을 마련한다. 신랑 집에서는 함을 봉치떡 위에 올렸다가 보내는데 신부 집에서는 함

혼인식

이 도착하면 상 위에 봉치떡을 놓고 그 위에 함을 올려 받는다. 봉치떡을 만들 때는 찹쌀과 붉은팥, 대추, 밤으로 찹쌀가루와 붉은팥고물을 써서 두 켜만 안쳐 만들고, 윗켜 중앙에 밤을 놓고 실한 대추 7개를 돌려 얹고 찐다. 붉은팥고물은 액을 피하라는 의미이며 떡을 찹쌀로 하는데 부부의 금실이 찰떡처럼 화목하게 잘 살기를 바라며 두 켜만 하는 것은 부부 한 쌍을 상징한다. 대추와 밤은 자손 번창을 상징한다.

지역에 따라서는 달떡이나 용떡을 혼례상에 올리기도 한다. 둥글게 빚은 흰 절편인 달떡은 보름달처럼 밝게 비추고 둥글게 채우면서 잘 살도록 기원하는 의미를 담고 있다. 절편으로 용의 생김새를 본떠 만든 용떡을 올리기도 한다.

봉치떡

달떡

용떡

(7) 폐백음식

초례를 행한 후에는 현구고례(見舅姑禮, 見: 뵈올 현)를 행한다. 현구고례는 신부가 처음으로 시부모를 뵙는 예(폐백)로, 원래 시부모에게만 드리던 예이다. 폐백상에 올리는 대추와 밤은 자손 번창의 의미로 시아버지에게 드리고, 시어머니에게는 정성을 다하여 모신다는 의미로 육포, 편포, 닭 등 고기음식을 드린다.

(8) 큰상

초례를 치른 신랑에게는 신부집에서 큰상을 내리고, 현구고례를 치른 신부에게는 신랑집에서 각각 환영과 감사의 의미로 음식을 고여 큰상을 내려준다. 시댁에서 며느리를 마음으로 환영하는, 조선시대 대가족의 규범정신이 함축된 상이다. 신부집에서도 대례가 끝나면 새로운 사위를 환영하는 의미에서 큰상을 고여 신랑에게 차려준다. 신랑이나 신부를 데리고 온 상객에게도 이 상을 차려주며, 이들이 돌아갈 때 음식을 싸서 들려보내는 것을 '이바지음식'이라고 한다. 대개 인절미나 절편 등을 만들어 동구리에 푸짐하게 담아 보냈다.

(9) 수연

수연(壽宴)이란 '오래 산 것'을 축하하는 잔치로, 60세 이상이 된 웃어른의 생신에 잔치를 베푸는 것이다. 회갑(환갑)은 61세의 생신으로, 육십갑자의 갑이 돌아온다는 뜻이다. 회갑잔치는 자손들이 큰상을 차리고 생신을 맞으신 웃어른께 술과 음식을 올리며 장수하기를 기원하는 의식이다. 회갑연에는 큰상을 차리는데 음식을 높이 고이므로 고임상, 고배상 또는 바라

회갑 상차림

보는 상이라 하여 '망상'이라고 한다. 이때 음식은 각색떡과 약과, 유과, 정과나 사탕 등의 과정류(果飣類), 각종 전유어, 전유어류(煎油魚類), 건어물류(乾魚物類), 육포(肉脯), 어포류(魚脯類), 대추, 잣, 배, 곶감, 석류, 유자 같은 생과실(生果實), 숙육편육류(熟肉片肉類)를 30~60cm 정도까지 고이고 색상을 맞추어 두세 열로 차린다.

회갑연에서 빼놓을 수 없는 것이 바로 떡이다. 이때는 떡을 높게 고인다. 고임떡은 갖은편이나 인절미, 절편 등을 네모진 편틀에 차곡차곡 고이고 화전이나 주악, 부꾸미, 단자 등의 웃기를 얹는다.

(10) 제례

제례(祭禮)는 자손들이 고인을 추모하며 올리는 의식으로, 가문마다 절차와 제상의 차림이 약간씩 다르며 흔히 '가가례(家家禮)'라고 한다. 제례에 올리는 떡으로는 녹두편, 꿀편, 거피팥편, 흑임자편 등이 있고 주악이나 단자, 화전 등은 웃기로 올린다. 제사에는 강신하여 신인공식을 해야 하기 때문에 귀신이 두려워하는 붉은팥은 떡고물로 사용하지 않으며 녹두나 흑임자, 거피팥 등을 고물로 사용한다.

제례 상차림

3) 향토떡

우리나라는 삼면이 바다로 둘러싸여 있고 남북으로 길게 뻗은 지형적 특징과 함께 뚜렷한 사계절이 존재하여 지역마다 독특한 향토떡이 발달하였다. 각 도 향토떡에 쓰이는 재료들은 지방에 따라 그 특색이 두드러지는데, 민요 「떡타령」에 나오는 향토떡을 살펴보면 "산중 사람은 칡뿌리떡, 해변 사람은 파래떡, 제주 사람은 감자떡, 황해도 사람은 서숙떡, 경상도 사람은 기정떡, 전라도 사람은 무지떡…"이라고 하여 환경에 따라 여러 가지 떡이 각기 다르게 발달했음을 알 수 있다. 일반적으로 알려진 재료 외에도 감, 은행, 상추, 유자, 석이버섯, 느티잎, 흑임자, 근대, 모시잎, 가랑잎 등 다양한 재료가 떡에 사용되었다.

(1) 경기도

경기도는 서쪽으로는 바다가, 동쪽으로는 산지가 많은 지역으로 기름진 평야에서 재배되는 질 좋은 쌀과 수수 등의 농산물로 풍요로운 생활이 가능하였다. 이에 따라 다양한 종류의 떡이 발달했는데, 특히 쑥을 이용한 떡이 많았다. 특히 고려의 수도였던 개성에서 개성주악이나 개성경단 등 특색 있는 떡이 많이 전해지고 있다.

색떡

멥쌀가루로 흰떡을 만들어서 노랑, 파랑 분홍의 색을 들여 친 것이다. 이렇게 친 색떡은 새나 꽃 등 여러 모양으로 만들어 장식한다. 혼례상, 잔칫상의 떡 위에 웃기로도 얹었다.

색떡

여주산병

멥쌀가루로 흰떡을 만들어 친 후 개피떡을 하듯 밀방망이로 얇게 민 다음, 거피팥고물로 소를 만들어 넣고 맞덮어 큰 보시기와 작은 보시기로 따로따로 찍어 만든 떡이다. 큰 떡을 구부리고 그 안에 작게 말아 만든 떡도 구부려서 넣고 네 끝을 한데 모아 붙이면 완성된다. 산병(散餅)이란 본래 개피떡보다 작게 만들어서 청, 홍, 황의 삼색을 물들인 후 셋씩 붙여 떡 위에 웃기로 사용했는데, 주로 성균관에서 많이 만들었다고 한다.

여주산병

배피떡

좋은 찹쌀을 무르게 쪄서 쌀알이 없도록 친 다음, 꿀로 반죽한 녹두소를 넣고 동그랗게 빚어 콩가루를 묻힌 떡이다. 주로 겨울에 밤참으로 먹으며, 굳으면 석쇠에 구워 꿀을 찍어 먹는 맛이 일품이다. 개성지방에서 특히 많이 만들어 먹는다.

우메기

개성지방에 전해 내려오는 떡으로, 찹쌀가루에 멥쌀가루를 조금 섞고 막걸리로 반죽하여 동글납작하게 빚는다. 이것을 기름에 노릇노릇하게 지져서 꿀이나 조청에 집청한다. 햅쌀이 나왔을 때 많이 만드는데 쉽게 굳지 않는다.

개성주악

우메기와 만드는 방법이 같으나 직경 12cm 정도로 크고 둥글넓적하게 빚어 지진 후 꿀이나 조청에 담갔다가 건져 잣을 고명으로 올린 것이다. 개성에서는 약과, 모약과, 우메기 등과 함께 폐백음식이나 이바지음식으로 사용한다.

개성주악

우찌지

찹쌀가루를 쑥색, 분홍색 등 삼색으로 물을 들이거나 찹쌀가루만 익반죽하여 화전처럼 빚고 기름에 지져 속을 넣고 만든 떡이다. 지진 떡 위에 곶감채나 대추채를 고명으로 올리기도 하며, 웃기떡으로 사용하기도 한다.

개성경단

찹쌀가루와 멥쌀가루를 섞고 익반죽하여 2cm 정도로 빚어 삶은 경단을 꿀에 담갔다가 경아가루 고물을 묻히고 조청에 재운 떡이다. 고물로 묻히는 경앗가루는 만드는 방법이 특이하다. 먼저 붉은팥을 삶아 고운체에 걸러 앙금을 내서 물기를 짜내고 말려 고운 팥가루를 만든다. 팥앙금가루에 참기름에 고루 비벼 말리기를 서너 번 하고 체에 쳐서 경아가루를 만든다. 개성지방에서는 경아가루 외

개성경단

에도 볶은 콩가루나 파란 콩가루를 묻혀 삼색경단을 만들거나 물경단에 삼색고물을 묻혀 '삼색물경단'을 만들기도 한다.

각색경단

쑥가루, 치자물, 맨드라미를 뜨거운 물에 우리고 붉은색을 내어 찹쌀가루에 넣고 삼색으로 익반죽한 것이다. 다진 대추와 깨를 꿀로 반죽하여 소를 만든다. 고물은 여러 가지로 준비하여 설탕을 섞어 둔다. 반죽을 밤톨만큼 떼어 소를 넣고 둥글게 빚어 끓는 물에 삶아 익혀서 찬물에 헹구고 건져 고물을 묻힌다.

수수도가니

햇곡식 중 가장 먼저 여무는 햇수수로 만드는 구수한 떡이다. 풋콩과 어울리는 맛이 일품이다. 벙거지처럼 빚었다고하여 '수수벙거지' 또는 '수수옴팡떡'이라고도 한다. 햇수수를 고운 가루로 만들고 익반죽해서 만드는데, 둥글넓적하게 만든 수수반죽에 풋콩을 깔고 안치고 다시 콩을 덮고 또 수수반죽을 안쳐 푹 찐 후 설탕을 뿌리면 완성된다.

수수도가니

개떡

보리를 빻고 가루로 만들어 파와 간장, 참기름을 넣고 반죽한 후 절구에 오래도록 차지게 찧고 둥글넓적하게 만들어 쪄낸 떡이다. 강화 부근에서 특히 많이 해 먹는다.

쑥갠떡

멥쌀가루에 삶은 쑥을 넣어 빻은 쑥쌀가루를 익반죽하여 동글납작하게 빚은 후 쪄서 참기름을 바른 떡이다. 삶은 콩을 소로 넣어 구수한 맛을 살리기도 한다.

쑥버무리

이른 봄철 멥쌀가루에 어린 쑥을 버무려 찐 떡이다.

밀범벅떡

밀가루를 반죽하여 팥소를 넣어 빚은 다음 팥고물을 얹어가며 켜켜로 안쳐 찐 떡이다. 개성 지방에서 서민들이 많이 만들어 먹었다.

근대떡

찹쌀가루와 멥쌀가루를 반씩 섞은 쌀가루에 근대를 버무려 섞어 설기떡으로 찐 것이다. 근대의 달짝지근한 맛이 나며 강화지역에서 많이 해 먹는다.

백령도김치떡
찹쌀가루와 메밀가루를 섞어 찐 후 다시 밀가루를 섞고 반죽하여 만두피를 밀듯 동그랗게 밀어 굴과 김치로 소를 넣고 만두처럼 빚어 찐 떡이다. 백령도에서 주식이나 간식으로 해 먹는다. 굴과 김치맛이 특징적이다.

개성조랭이떡
멥쌀가루를 쪄서 친 후 손가락 굵기 정도로 동그랗게 비벼 길게 만들고 1cm 길이로 썰어 세운 다음 이것을 손으로 누르고 대나무칼로 가운데를 비벼서 '8'자 모양으로 만든다. 주로 정월에 떡국을 끓여 먹는 데 이용했다.

(2) 충청도
충청도는 기름진 농토를 끼고 있어 쌀, 보리 등 곡류를 중심으로 한 각종 농산물이 풍부하며, 특히 떡이 발달해온 지역이다. 내륙의 산간지대에서는 칡, 버섯, 도토리 등을 이용한 떡도 만들어 먹었다. 찹쌀과 콩으로 만든 쇠머리떡이 특히 맛있기로 유명하고 늙은 호박이 많이 생산되어 호박죽이나 호박꿀단지, 범벅을 만들어 먹는다.

꽃산병
멥쌀가루를 찌고 쳐서 작고 동그랗게 밀어 속에 팥고물을 넣어 동글납작한 모양을 만든 다음 색을 들인 떡반죽을 떡 위에 작게 올리고 떡살로 모양을 내어 만든다.

곤떡
찹쌀가루를 익반죽한 다음 동글납작하게 빚어 지치로 붉은색을 낸 기름에 지진 떡이다. 지치를 따뜻한 기름에 넣고 온도를 천천히 올리면, 지치의 지용성 색소가 기름에 녹아 붉은색을 띤다. 찰반죽을 붉은 기름으로 지지면 색이 고운 떡이 만들어지므로 곤떡이라 부르는 듯하다. 큰 잔치 때 편의 웃기로 쓰인다.

곤떡

쇠머리떡

찹쌀가루에 멥쌀가루를 섞어 밤, 대추, 감 말린 것을 섞고, 시루 밑에 불린 콩이나 삶은 팥을 깔고 안쳐 찐 떡이다. 썰었을 때 모양이 쇠머리편육 같다 하여 '쇠머리떡', '모두배기떡'이라고 하며 장마 전에 묵은 곡식으로 이 떡을 해 먹기도 한다.

약편

멥쌀가루에 삶아 체에 거른 대추앙금과 막걸리를 넣고 고루 비벼서 체에 내린 후 밤채, 대추채, 석이채를 고물로 뿌려 찐 떡이다.

막편

멥쌀가루에 막걸리와 물을 섞어 체에 내리고 설탕을 섞은 다음, 거피팥고물이나 동부고물을 켜켜로 얹어가며 찐 시루떡이다.

수수팥떡

수숫가루와 찹쌀가루를 반반 섞고 팥과 콩은 소금 간하여 푹 삶아 찧는다. 시루에 팥과 콩고물을 섞어 깔고 수숫가루와 찹쌀가루를 섞어 안친 후 다시 고물을 얹어 찐 떡이다.

호박떡

호박고지와 멥쌀가루를 섞어 붉은팥고물이나 거피팥고물을 켜켜로 얹어 찌는 떡이다. 겨울이나 봄에는 호박고지를 쓰고, 늦가을에는 늙은 호박을 섞어 찌기도 한다.

쇠머리떡

물호박시루떡

도토리떡

해장떡

도토리떡

충청도 산간지방에서 많이 해 먹는 떡이다. 도토리가루와 차수숫가루를 섞어 소금과 설탕으로 간하고 시루떡 안치듯 콩이나 팥고물을 켜켜로 얹어가며 시루에 찐 떡이다. 도토리를 갈아 앙금을 가라앉혀 앙금으로는 도토리묵을 만들고 남은 무거리로 이 떡을 만든다.

해장떡

충북 중원군 강변마을에서 큰 나룻배가 왕래할 때 뱃사람들이 즐겨 먹던 떡이다. 찹쌀로 손바닥만 한 큰 인절미를 만들고 붉은팥을 고물로 묻혔다. 사람들이 일하러 나가기 전에 해장국과 함께 먹었다고 하여 이러한 이름이 붙었다.

장떡

찹쌀가루에 간장, 고춧가루, 채소 등을 넣어 익반죽하고 반대기를 지어 자르고 지져 낸 떡이다.

감자떡

감자의 껍질을 벗겨 강판에 갈아 베보에 짜고 건지는 따로 두고 물을 받아 앙금을 가라앉혀 만든다. 감자 건지에 삶은 덩굴콩을 섞어 소금을 넣고 반죽하여 찌면 완성된다.

감자송편

감자떡을 만들 때와 마찬가지로 앙금과 건지를 받아 섞어서 되직하게 익반죽하고 콩으로 소를 넣어 송편과 같이 빚어 찐다.

칡개떡

칡전분을 익반죽하여 둥글납작하게 빚어 찌고 참기름을 바른 떡이다. 칡전분은 칡을 잘라 물에 불린 후 찧어서 물로 뺀 다음 건지는 건져내고 그 물로 앙금을 가라앉혀서 만든다.

햇보리개떡

보리가 막 여물었을 때 만들어 먹던 별식으로, 햇보리로 만든 것은 오월 단오 제례 때 사용하였다. 보리를 방아에 찧어 볶아 가루를 내고 참기름, 파, 간장을 넣고 반죽하여 다시 한번 절구에 찧고 둥글납작하게 빚어 찐 떡이다. 충주지방에서 특히 많이 해 먹었기 때문에 '충주개떡'이라고도 부른다.

호박송편

멥쌀가루에 호박가루를 섞어 익반죽한 후 밤이나 깨를 소로 넣고 만든 송편이다. 늙은호박의 껍질을 벗겨 속을 발라낸 뒤 잘라 말린 후에 갈아서 호박가루를 만든다. 단맛과 호박의 노란 빛깔이 더해져 보기에 좋다.

볍씨쑥버무리

이른 봄 모판에 뿌리고 남은 볍씨를 쌀가루로 만들어 어린 쑥과 버무려 찐 떡이다.

사과버무리떡

사과가 많이 나는 진천, 영동, 괴산, 음성 등에서 많이 만드는 떡으로 사과를 말려 멥쌀가루에 섞고 밤, 대추, 콩 등을 넣어 고루 섞어준 다음 대추와 잣을 고명으로 올려 만든다.

(3) 강원도

강원도는 동쪽으로 바다, 서쪽으로는 산이 척추처럼 뻗어 있어 지역마다 산촌과 어촌, 그 사이에 자리 잡고 있는 농촌이 각기 다양한 식생활을 보여준다. 땅이 척박해서 논농사보다는 밭농사가 발달하여 쌀보다 옥수수, 메밀, 조, 수수, 감자 등 질 좋은 밭작물이 생산되며 산악지대에서 도토리, 칡 등이 풍성하게 난다. 따라서 쌀보다는 옥수수, 조, 수수, 감자, 메밀로 만드는 떡이 많다. 특히 감자는 생산량과 소비량이 높은 대표 농산물로 감자를 이용한 떡이 발달하였다.

감자시루떡

앙금과 삶은 팥을 켜켜로 안쳐 찐 것으로 감자를 갈아 앙금을 가라앉히고 그 앙금에 웃물을 조금 섞어 삶은 팥과 콩을 한데 버무려 찌기도 한다. 소박하면서 구수한 떡으로 강원도에서 일상적으로 해 먹는다.

감자떡

감자는 껍질을 벗겨 강판에 갈아 물에 헹구어 베보에 짜고, 보에 남은 건지를 따로 두고 짠 물은 밭여 앙금(감자전분)을 앉히되 웃물을 자주 갈아준다. 감자 건지에 앙금과 삶은 콩, 팥을 섞어 반죽하여 쪄내면 거무스름한 감자떡이 완성된다.

감자송편(감자녹말송편)

여름철 감자를 수확할 때, 상처가 나서 오래 두기 힘든 감자로 만드는 떡이다. 여름에는 20일가량 썩혀 앙금을 만든 후 웃물을 자주 갈아주면서 우려낸다. 그다음 볕에 앙금을 말리면 감자전분이 만들어진다. 이 감자 전분을 끓는 물로 반죽하여 팥이나 고구마 또는 풋강 낭콩을 소로 넣고 손자국을 내어 만들기도 한다. 산간 지방의 별미음식으로, 쪄 내면 색이 검게 변한다. 뜨거울 때 먹으면 쫄깃쫄깃하고 맛있는 떡이다.

감자송편

감자경단

감자를 푹 쪄서 설탕과 소금, 계핏가루로 맛을 내고 절구에 오래 찧은 다음 경단처럼 빚어 고물로 콩가루나 팥고물을 묻힌 떡이다. 때로는 감자를 갈아 건지를 짜고 앙금을 가라앉힌 후, 앙금과 건지를 섞어 반죽한 뒤 경단을 빚고 끓는 물에 삶아 고물을 묻히기도 한다.

언감자떡

강원도 산간지방에서 해 먹던 떡으로 추운 겨울 얼었던 감자가 봄이 되어 녹으면 만들어 먹었다. 언 감자는 녹여 껍질을 벗긴 후 썰어서 검은 물이 나오지 않을 때까지 물에 담가 우려 낸다. 그다음 바싹 말려 곱게 가루로 빻아 소금을 넣고 익반죽을 하여 팥소를 넣고 빚어서 투명해질 때까지 쪄 낸다. 손가락으로 눌러서 모양을 내기도 한다.

감자투생이

감자를 갈아 건더기와 앙금을 섞은 뒤 적당한 크기로 떼어 삶은 강낭콩을 박고 찐 떡이다.

감자뭉생이

감자를 갈아 물기를 짠 건더기와 앙금을 섞어 강낭콩과 밤을 넣고 버무려 찐 떡이다. 뜨거울 때 베보자기에 싸서 눌러 사각형으로 반듯하게 썰면 모양이 더욱 좋다.

옥수수설기

옥수수를 쪄서 알만 뜯어 말린 후 가루로 만들어 필요할 때마다 강낭콩과 섞어 찐 떡이다.

옥수수보리개떡

옥수숫가루와 보릿겨에 어린 쑥 또는 강낭콩을 섞어 반죽한 다음 반대기로 만들어 찐 떡이다. 보릿고개를 넘기기 어려웠던 시절에 먹었다.

옥수수칡잎떡

생옥수수를 갈아 강낭콩을 섞어 칡잎에 조금씩 싸서 찐다. 옥수수의 구수한 맛과 칡잎의 맛이 어우러진 별미떡이다.

찰옥수수시루떡

알이 굵고 차진 맛이 좋은 강원도 찰옥수수를 가루로 만들고 팥고물을 올려 찐 떡으로 뜨거울 때 먹으면 맛이 좋다.

메밀전병(총떡)

메밀가루를 묽게 반죽하여 들기름 두르고 팬에 동그랗게 부쳐 익으면, 김치와 돼지고기를 볶아 섞은 소를 올려서 돌돌 말아 부쳐 낸 떡이다. 초장을 곁들여 먹는다.

메밀전병(총떡)

댑싸리떡

어린 댑싸리잎을 멥쌀가루와 버무려 엿기름가루와 설탕을 섞어 찐 떡이다. 댑사리는 명아주과의 일년생

풀로 산과 들에 자생하며 마른 줄기를 가지고 빗자루를 만든다. 시골 마을에서 아이들의 간식으로 만들어 먹던 떡이다.

메싹떡

메싹을 쌀가루에 섞어 찐 떡으로 쫀득하며 단맛이 난다. 메싹은 늦봄부터 여름 사이에 밭이랑에서 자라며 희고 긴 뿌리가 나오는데 맛이 달큰하다. 예전에는 아이들이 메싹을 찾아다니며 재미삼아 먹는 모습도 심심찮게 볼 수 있었으나, 요즘에는 메가 귀하여 만들어 먹기 힘들어졌다.

도토리송편

멥쌀가루에 도토리가루를 섞어 익반죽하고 팥소를 넣은 뒤 빚어 찐 떡이다.

무송편

추석에 만들어 먹던 송편으로 무가 소로 들어가는 점이 특이하다. 무는 채를 쳐서 소금을 뿌려 잠깐 절인 다음, 물기를 짜서 고춧가루와 갖은 양념을 하여 좀 매운 무생채로 만든다. 보통 송편보다 조금 크게 빚는데 잘못하면 터지기 쉽고 볼품이 없어지므로 조심한다. 송편 소의 맛이 얼큰하여 주객들이 즐기는 떡이기도 하다.

칡송편

멥쌀가루에 칡전분을 섞어 익반죽하고 강낭콩이나 팥을 소로 넣어 만들어 찐 송편이다. 칡전분은 칡뿌리의 껍질을 벗겨 방아에 찧은 후 겹체에 여러 번 밭혀 가라앉힌 앙금으로 만든다. 앙금이 가라앉으면 웃물을 따라 버리고 다시 물을 갈아주기를 여러 번 하여 가라앉은 앙금을 볕에 널어 약간 굳어질 때까지 말린다. 굳은 앙금을 손으로 비벼 가루로 만들고 다시 완전히 말리면 칡전분이 만들어진다.

방울증편

강릉지방에서 만드는 증편으로, 소가 들어가는 것이 특징이다. 쌀가루는 막걸리로 반죽하여 발효시키고 거피팥고물에 설탕을 넣고 반죽하여 동그랗게 빚어 소를 만든다. 젖은 베보를 깔고 발효된 반죽을 부은 다음 소를 사이사이에 놓고 다시 발효된 반죽을 얹어 고명을 올려 찐다.

호박시루떡

찹쌀가루에 말린 늙은 호박을 불려 넣고 팥, 풋콩 등을 섞어 찐 떡이다. 수확이 끝난 늦가을

한가할 때 온 가족이 모여 해 먹었다.

호박단자

늙은 호박을 푹 쪄서 찹쌀가루에 섞고 반죽하여 반대기를 지어 찐 다음, 꽈리가 일도록 쳐서 대추와 설탕에 절인 유자 등을 다져 소로 만들어 넣고 싸서 고물을 묻혀 만든다.

구름떡

찹쌀가루에 밤, 대추, 호두, 잣, 강낭콩 등을 섞어 찐 후 잘 익으면 한 덩어리씩 떼어 내어 팥가루를 묻히고 굳혀 썬 떡이다. 썰어놓은 단면이 마치 구름 같다고 하여 '구름떡'이라는 이름이 붙었다.

구름떡

팥소흑임자

찹쌀을 불려 시루에 푹 찐 다음 쌀알이 퍼지도록 치고, 팥은 삶아 앙금을 만들고 설탕을 섞어서 소를 만든다. 친 떡을 조금씩 떼어 내어 팥소를 넣고 싸서 동그랗게 만든 후 흑임자고물에 굴려 내면 완성이다.

각색차조인절미

차조를 불리고 쑥가루, 수리취가루, 감가루 등을 각각 섞어 찐 다음 안반에 쳐서 흑임자나 팥, 콩가루 고물을 묻힌 떡이다. 쑥과 수리취는 봄철에 삶아 말려 가루로 만들어두고, 감은 감고지를 바싹 말려 가루로 만들어 이용한다.

수리취개피떡

찐 멥쌀가루에 삶은 수리취를 넣고 친 다음 밀어서 팥소를 넣고 그릇으로 찍어서 만든다.

(4) 전라도

전라도는 넓은 평야가 있는 우리나라 최대의 곡창지대로 쌀을 중심으로 한 곡물의 생산량이 많은 지역이다. 동북부의 고원지대에서는 밭작물과 고랭지채소 재배가 활발하고, 산간 지방에는 다양한 약초와 산나물, 버섯류, 산수유, 오미자 등의 산물이 풍성하다.

전라도는 풍요로운 자연환경으로 말미암아 음식에 들이는 정성이 다른 지방보다 특별하다.

특히 조선왕조 전주이씨의 본관인 전주를 비롯해 곳곳에 부유한 토반들이 대를 이어 살고 있는데, 이러한 사대부가에는 집안 대대로 내려오는 내림음식이 있다. 떡 또한 예외가 아니어서 감을 이용한 떡부터 다양한 약초로 만든 떡까지 다른 어느 지역보다 떡의 종류가 많고 화려하다.

감시리떡

전라도는 감의 생산량이 많아 감을 이용한 떡이 발달하였다. 감시리떡을 만들 때는 멥쌀가루에 물을 주어 체에 내린 다음 감 껍질 가루와 설탕을 섞고 거피팥고물을 켜켜이 얹어가며 시루에 안쳐 찐다. 감 껍질 가루는 가을에 감 껍질을 벗겨 말린 후 빻아 만든다.

감고지떡

가을철에 감의 껍질을 벗기고 씨를 뺀 뒤 썰어 햇볕이 좋을 때 꾸덕꾸덕하게 말린 것이 주재료이다. 멥쌀가루에 물을 주어 체에 내린 후 설탕과 말린 감을 넣고 버무려 거피팥고물을 하여 찐다.

감인절미

찹쌀을 푹 찐 후 감가루를 넣어 절구에 찧은 다음 먹기 좋게 썰어 거피팥고물을 묻혀 만든다. 감가루는 감 껍질을 벗겨 고지로 말렸다가 바싹 말린 다음 빻아 만든다. 감으로 유명한 전라도 석곡에서는 찹쌀을 쳐서 인절미를 만든 다음, 먹을 때 연시(홍시)를 깨뜨려 떡 위에 발라 먹기도 한다.

감단자

홍시를 체에 거르고 찹쌀가루에 섞어 반죽한 다음 손바닥만큼씩 반대기를 지어 끓는 물에 삶아 건진다. 이것을 양푼에 담고 방망이로 꽈리가 일도록 저어서 새알만큼씩 떼어 잣가루를 묻히고 밤고물이나 거피한 팥고물을 묻혀 만든 떡이다. 만약 감이 무르지 않았다면 짚불을 조금씩 때면서 삶아 걸러서 사용한다. 좋은 홍시가 아니더라도 꾐감(자디 잔 감)으로 이 떡을 만들 수 있다. 반죽할 때 꿀이나 설탕물을 넣으

감단자

면 떡에 단맛이 더해진다. 감을 삶아 걸러서 끓인 다음 찹쌀가루를 넣어 다시 끓여 식힌 뒤 고물을 묻혀서 만드는 방법도 있다. 잣, 호두 등을 넣어 아작아작 씹히는 맛을 더하기도 한다.

주로 부유한 토반들이 만들어 먹던 고급스러운 떡이다.

전주경단
보통 경단을 만들 듯이 찹쌀가루로 새알심을 만들어 삶아 내고 밤과 대추, 곶감을 곱게 채 썰어 고물로 사용한 떡이다.

꽃송편
송기, 모시잎, 팥앙금, 흑임자 등으로 쌀가루에 색을 들여 오색으로 송편을 만들고 각색의 떡 반죽으로 여러 가지 모양을 만들어 붙여 찐 떡이다. 팥앙금 대신 치자물이나 맨드라미꽃잎을 우린 물을 넣어 색을 내기도 하였다. 양반가에서 많이 만들어 먹던 떡이다.

삐삐떡(삘기송편)
삘기가 패면 훑어서 절구에 넣고 찧어 송편을 만든다. 삘기를 멥쌀가루에 섞으면 떡이 질겨지면서도 맛이 난다. 삘기는 띠의 어린 새순으로 들큰한 맛이 있어 어린아이들이 뽑아 먹기도 한다.

모시떡
삶은 모시잎을 멥쌀가루에 섞어서 만든 떡이다.

모시송편
멥쌀가루에 삶은 모시잎을 섞어 반죽한 다음 밤, 콩, 대추 등을 꿀에 재어 만든 소를 넣고 송편으로 빚은 것이다. 찐 송편을 감잎에 싸서 내놓는 점이 특이하다.

모시송편

나복병
물 내린 멥쌀가루를 얇게 저며 소금물에 담갔다가 멥쌀가루에 굴린 무를 켜켜이 얹고 거피팥고물 혹은 붉은팥고물 얹기를 반복하여 시루에 찐 떡이다.

호박고지차시루편
호박고지를 5cm 정도 길이로 잘라 물에 잠깐 불려 찹쌀가루와 섞은 다음, 붉은 팥고물을 얹어가며 켜켜로 찐 떡이다. 호박고지는 얼리면서 말려야 단맛이 더 나므로 추울 때 청둥호박을 포를 뜨듯 길게 자르고 말려서 사용하면 좋다.

호박메시리떡
설탕물을 내린 멥쌀가루에 생청둥호박을 썰어 넣고 섞어서 켜마다 거피팥고물을 얹어 찐 떡이다.

풋호박떡
멥쌀가루에 늙은 호박을 잘게 썰어 섞고 막팥고물로 켜켜이 얹어가며 찐 떡이다.

복령떡
물 내린 쌀가루에 설탕과 복령가루를 섞은 다음, 켜마다 거피팥고물이나 잣가루를 고물로 얹어 찐 떡이다. 복령은 솔뿌리에 기생하는 불완전균류 중 하나로 혈당을 낮추어주고 이뇨작용, 진정작용 등의 효과가 있어 한약재로 사용된다.

수리취떡, 수리취개떡
수리취의 잎사귀를 쌀가루에 섞어 무리떡(수리취떡)으로 하거나, 삶아 친 것을 밀가루에 섞고 반죽하여 개떡처럼 쪄서 먹는 떡이다.

송피떡
물을 내린 멥쌀가루에 송피가루를 섞어 체에 내리고 거피팥고물을 얹어가며 켜켜이 찐 시루떡이다. 송피가루는 소나무의 속껍질을 벗기고 삶아서 물에 우린 다음 말린 다음 빻아서 만든다.

보리떡
초봄에 돋아나는 어린 보리잎을 베어 차좁쌀가루나 찹쌀가루에 섞어 찐 떡이다.

밀기울떡
통밀을 맷돌에 그대로 갈아 만든 떡으로, 예전에는 가난한 사람들이 끼니 대신 먹었으나 오늘날에는 맛과 향수를 느끼기 위해 해 먹는 떡이 되었다.

구기자약떡

찹쌀과 멥쌀을 물에 불렸다가 구기자와 시금치를 넣고 각각 빻아 켜켜로 찐 떡이다. 구기자는 간을 보호하고 혈압과 혈당량을 낮춰줄 뿐만 아니라 눈을 밝게 해주는 효능이 있어 한방에서 약재로도 사용한다.

고치떡

누에를 쳐서 마지막 잠을 재운 다음 잠박에 올려서 고치 짓기를 기다리며 만드는 떡으로, 양잠의 좋은 성과를 기원하고 그간의 노고를 위로한다는 의미를 담고 있다. 고치라는 떡의 이름은 누에고치에서 연유된 것이다. 떡가루에 분홍, 노랑, 파랑의 물감을 들여 절편을 만들듯 한 다음 누에고치 모양으로 빚어 만든다.

콩대끼떡

찹쌀가루에 흰 콩고물을 얹어 켜켜이 찐 떡이다. 찔 때 쌀가루를 1cm 정도로 얇게 펴서 안친다. 찐 떡을 꺼낼 때 떡을 돌돌 말듯이 꺼내면 쉽다.

웃지지(우찌지)

찹쌀가루로 흰반죽과 쑥반죽을 만들어 밤톨만 한 크기로 떼어 낸 다음 번철에 납작납작하게 부치고 삶은 밤을 으깨 만든 소를 넣고 반으로 접는다. 떡을 그릇에 하나씩 쌓을 때 위에 물엿을 발라가면서 대추채와 밤채, 잣을 올려 모양을 낸다.

웃지지

차조기떡

송송 썬 차조기잎을 찹쌀가루(메밀가루나 밀가루를 사용하기도 함)에 섞어 소금 간을 한 다음 반죽하여 기름에 지진 떡이다. 차조기는 주로 절에서 많이 심는 식물로, 모양이 들깻잎과 유사하며 자줏빛을 띤다.

섭전(익산)

찹쌀가루는 조금만 남겨 황국잎(먹는 국화잎)에 묻혀놓고, 나머지는 물 탄 소주를 넣어 누긋하게 반죽한다. 기름을 두른 번철에 반죽을 떠놓고 황국잎을 소복이 얹어 지지다가 다시 밤채, 대추채, 석이채를 뿌려 지져 내고, 지진 떡 위에 설탕을 뿌려 만든다.

주악

찹쌀가루를 청, 홍, 황, 백의 네 가지 색으로 각각 익반죽하고 동글납작하게 빚은 다음 기름에 지져 잠시 식혔다가 팥소를 넣고 반으로 접어 싼다. 서로 다른 색의 떡을 두 개 골라 등을 맞붙여 둥근 모양으로 만들고 접시에 색을 맞춰 돌려 담는다. 밤채, 대추채, 석이채 등을 고명으로 얹으면 완성된다.

(5) 경상도

경상도의 서쪽은 분지와 산간지역이 대부분이나 중남부지역에는 평야가 발달하여 농산물이 풍성한 편이다. 상주, 문경 지역에서는 밤, 대추, 감과 같은 과실류가 많이 나서 별미떡에 자주 쓰이는 편인데 특히 감 생산량이 많은 상주지역에서는 홍시를 쌀가루에 섞어 떡을 하거나 건시도 많이 쓴다. 경주지역에서는 제사편으로 본편, 잔편을 포함하여 열 종 이상의 떡을 고인다. 특히 본편은 쌀가루에 각색고물, 녹두고물을 얹어 찌는 점이 제례의 편떡과 같고 잔편으로는 주악, 단자류 등 갖가지 떡을 본편 위에 올려 고인다. 밀양지역에서는 쑥을 넣어 만든 쑥굴레가 유명하고 곶감채를 붙인 경단도 특별하다. 화전민이 많은 마천부락에서는 쌀보다 감자 생산량이 많아 감자로 송편을 만들기도 한다. 거창에서는 송편을 찔 때 솔잎 대신 방부효과가 있는 망개잎을 깐다.

감단자

감이 많이 나는 사천군에서는 감을 푹 고아 체에 밭쳐 찹쌀가루, 계핏가루, 설탕 등을 섞어 쪄서 꽈리가 일도록 치댄 다음 편편하게 펼쳐 동부고물을 묻혀 감단자를 만든다. 감단자는 잔치음식으로도 널리 쓰였는데 이때는 단자를 대추 크기만 하게 빚어 잣가루, 대추채, 석이채, 깨 등 각종 고물을 묻힌다. 이렇게 만든 떡은 보기에도 화려할 뿐만 아니라 잘 굳지 않는다. 본래는 완전히 익기 전에 비바람에 떨어진 감을 모아서 만들던 떡이다.

상주설기

멥쌀가루에 홍시 거른 것을 물 대신 주어 시루에 찐 떡이다.

모시잎송편

불린 멥쌀에 삶은 모시잎을 섞고 쌀가루를 내어 반죽한 다음 밤, 콩, 대추 등의 소를 넣고 빚은 송편이다. 찐 송편에 참기름을 바르고 감잎에 싸서 내놓는다.

감자송편

감자전분을 익반죽하여 소를 넣고 양면에 손자국을 내서 찐 떡이다. 떡이 익어서 투명해지면 찬물에 헹구고 참기름을 바른다. 소는 동부를 거피하여 찐 것에 소금과 설탕으로 간을 하여 으깨어 만든다. 강원도의 감자송편과 흡사하나 소가 다르다.

거창송편

일반 송편과 동일하게 멥쌀가루로 만드나 솔잎 대신 망개잎(청미래잎)을 깔고 찐다.

망개떡

찹쌀가루를 쪄서 치대고 거피팥소를 넣고 빚어 찐 떡이다. 빚은 떡을 두 장의 청미래잎 사이에 하나씩 넣고 찌는 것이 특징으로, 청미래잎의 향이 떡에 배어 상큼한 맛이 나며 여름에도 잘 상하지 않는다. 망개떡이라는 이름은 청미래나무를 일컫는 경상도 방언인 '망개나무'에서 유래되었다.

망개떡

만경떡

찹쌀가루에 밤, 대추, 삶은 콩, 팥을 섞어 찐 떡이다.

모듬백이

찹쌀가루에 밤과 콩, 팥, 대추 등을 섞고 버무려 찐 무리떡이다.

잡과편

찹쌀가루를 익반죽하여 동그랗게 빚어 찐 다음, 대추채 썬 것에 굴려 낸 후 꿀에 잰 떡이다.

잣구리

찹쌀가루를 익반죽하여 콩 또는 깨, 밤고물을 소로 넣어 누에고치 모양으로 빚고 끓는 물에 삶아 건져 잣가루를 묻힌 떡이다. 잣가루 대신 껍질을 벗겨 볶은 실깨고물을 묻히기도 하는데 이때는 '깨구리'라고 부른다.

밀양경단

보통 경단과 동일한 방법으로 만들되 곶감채를 고물로 묻힌 떡이다.

부편

찹쌀가루로 만든 웃기떡을 이르는 말로, 각색편의 웃기로 쓰는 밀양지방의 떡이다. 찹쌀가루를 익반죽하여 소를 넣고 경단보다 좀 크고 둥글게 빚은 다음 쪄서 곶감채를 묻힌 것으로, 콩가루에 꿀과 계핏가루를 섞어 만든 소를 넣는다. 고물로는 곶감채 외에도 녹두고물, 거피팥고물, 볶은깨고물, 대추채고물 등을 사용한다.

쑥굴레(숙글레)

거피팥이나 녹두를 쪄서 으깨고 설탕을 넣은 뒤 일부는 소로 만들고 일부는 체에 내려 고물로 준비한다. 찹쌀가루를 쪄 삶은 쑥을 넣고 푸른빛이 나도록 친 후 한 움큼씩 떼어 소를 넣고 둥글게 빚은 다음 고물을 묻힌다. 먹을 때는 조청을 따로 내어 찍어 먹는데, 찍어 먹는 꿀에 생강즙을 섞으면 또 다른 맛을 느낄 수 있다. 쑥굴레에 넣는 쑥은 연한 귀쑥이어야만 보들보들하면서도 쫄깃한 맛이 난다. 귀쑥은 경상북도 내륙 야산에서 봄에 나는 쑥의 한 종류로, 아직 피지 않은 작은 할미꽃과 모양이 흡사하다.

쑥굴레

쑥떡

멥쌀에 삶은 쑥을 섞어 가루 낸 것을 쪄서 치댄 뒤 조금씩 떼고 얇게 밀어 콩가루를 묻힌 떡이다. 햇쑥이 나올 때는 멥쌀만 사용하고, 말린 쑥을 삶아 넣을 때는 찹쌀가루를 조금 섞는 것이 좋다. 귀쑥을 사용하면 더 쫄깃하고 맛이 좋다.

칡떡

칡뿌리의 겉껍질을 벗겨 절구통에 찧은 다음 붉은 물이 나오지 않을 때까지 갈아주면서 우려낸다. 칡앙금이 가라앉으면 한지에 말려 가루로 만들고, 이것을 멥쌀가루와 섞어 쪄서 만든다.

유자잎인절미

유자가 특히 많이 생산되는 남해에서 만들어 먹던 인절미로 친 찹쌀떡을 잘라 콩가루와 유자

잎가루 고물을 묻힌 떡이다. 유자잎에서 나는 은은한 향기를 즐길 수 있다.

도토리찰시루떡
겨울에서 이른 봄까지 산간지방에서 춘궁기의 구황식으로 많이 해 먹었던 떡으로, 도토리향과 쫄깃쫄깃한 맛이 별미다. 찹쌀가루에 도토리가루를 섞고 호박오가리, 팥, 곶감 등을 섞어 찐 것으로 고물로는 콩가루나 팥고물을 사용한다.

곶감호박오가리찰편
찹쌀가루와 멥쌀가루를 섞어 검은콩, 곶감, 호박오가리, 밤 등의 섞고 고물을 얹어 켜켜로 찐 떡이다. 곶감과 호박오가리를 넣어 단맛을 더한 별미떡이다.

곶감화전
찹쌀가루에 감 껍질가루를 섞고 익반죽하여 둥글납작하게 지진 다음 곶감을 꽃잎 모양으로 썰어 고명을 붙인 떡이다.

주걱떡
찹쌀로 밥을 하여 주걱으로 으깨고, 밥알이 일부 남아 있는 떡을 만든 다음 조금씩 떼어서 팥고물을 묻혀 만든다. 집에서 쉽게 만들 수 있는 찰떡으로, 씹히는 밥알 맛이 별미이다.

(6) 제주도
화산섬인 제주도에는 논이 적어서 쌀농사보다는 조, 보리, 메밀, 콩, 팥, 녹두, 깨, 감자, 고구마 등 밭작물이 주로 재배되기 때문에 다른 지방보다 만들어지는 떡의 종류가 적은 편이다. 쌀을 이용한 떡은 명절, 제사 등 특별한 때에만 만들고 평소에는 잡곡이나 고구마, 감자, 조, 보리, 메밀 등으로 떡을 만든다. 지진 메밀전병에 무채나물을 소로 넣고 빙빙 말아 만든 빙떡이 특이하다.

도돔떡
정월 대보름에 마을 사람들이 가져온 쌀을 한데 모아서 빻고 찐 떡이다. 떡을 찔 때 한 사람분씩 가루를 안치고 켜마다 자기 이름을 쓴 종이를 넣었는데, 떡이 잘 되고 못 됨에 따라 그 해 길흉을 점치기 위해서였다. 이때 떡이 설익으면 운이 나쁘다고 하여 사람이 많이 다니는 곳에 떡을 버렸다고 전해진다.

침떡(좁쌀시루떡)

차좁쌀을 물에 잠깐 불려 씻어 건진 후, 소금 간하여 차조가루를 만들고 팥고물과 켜켜로 안쳐가며 시루에 찐 떡이다.

차좁쌀떡

차좁쌀을 가루내어 소금 간을 하고 말랑하게 익반죽하여 동글납작하게 직경 3cm 정도로 빚어 찐 떡이다. 차조가루를 낼 때 차좁쌀을 오래 불려두면 덩어리가 지므로, 잠깐만 불려 씻어 건져야 한다. 차조를 불려 시루에 찐 다음, 인절미처럼 쳐서 큼직하게 썰고 팥고물을 묻혀 먹기도 한다.

오메기떡

차조가루를 반죽하여 직경 5cm 정도로 둥글게 빚은 다음, 가운데에 구멍을 내어 찌거나 삶아 콩가루를 묻힌 떡이다. 본래는 청주와 소주를 빚기 위해 만들었다. 제주도에서는 오메기떡에 묻히는 콩가루를 '콩개역'이라고 하는데 보리개역과 함께 5~7월 사이에 만들어두었다가 사용한다.

오메기떡

돌레떡

메밀가루를 말랑하게 반죽하여 동글납작하게 빚은 뒤 끓는 물에 삶아 건지고 참기름을 바른 떡으로, 장지에서 식사 대용으로 먹는다. 제사에 쓸 때는 간을 하지 않는다. 제주도에는 염습 시 망자의 가슴과 양손에 이 떡을 각각 세 개씩 도합 아홉 개를 얹어주는 풍습이 있는데, 망자가 저승문으로 들어설 때 문을 지키는 개에게 떡을 주어 귀찮게 하는 것을 막기 위함이라고 한다. 메밀가루 대신 다른 곡식으로 떡을 만들기도 하는데 멥쌀로 만들면 '흰돌레', 좁쌀로 만들면 '조돌레', 보리로 만들면 '보리돌레'라고 부른다.

속떡(쑥떡)

봄철 쑥은 속병에 좋다 하여 연한 쑥을 뜯어다가 여러 곡식과 섞어 떡이나 범벅, 자배기(떡국) 등을 만들어 먹는다. 속떡이란 제주도에서 쑥떡을 지칭하는 말로 봄철 쑥을 쌀가루, 메밀가루, 보리가루, 고구마가루 등에 각각 섞어 떡을 만들며 '약떡'이라고도 한다.

빙떡(메밀부꾸미)

빙떡을 만들 때는 먼저 햇메밀가루에 물을 부어 거품이 일도록 휘저어 반죽을 끈기 있게 한다. 그다음 메밀 반죽을 한 국자 떠서 솥뚜껑에 얇게 두른 다음 무생채나 무나물 소를 가운데에 놓고 빙빙 말아 부치면 완성이다. 양념장을 곁들이면 메밀과 무채의 맛이 어우러져 독특한 맛을 즐길 수 있다. '멍석떡', '전기떡', '연빙', '쟁기떡'이라고도 한다.

빙떡

빼대기떡(감제떡)

생고구마를 썰어 말려서 가루로 만든 전분을 익반죽하여 송편처럼 빚어서 찐 떡이다. '감제'는 고구마를 지칭하는 제주도 방언으로 '감제떡'이라고도 부른다.

상애떡(상외떡)

밀가루에 술을 넣고 발효시켜 부풀린 다음, 가운데 설탕과 소금 간을 한 팥소를 넣어 찐빵처럼 찐 떡이다. 고려시대 상화병에서 유래된 것으로 보인다. 제주도에는 삭망이나 제사에 가는 가족들이 이 떡을 대바구니에 담아 선물하는 풍습이 있다.

상화병

조침떡

좁쌀가루에 고구마채 혹은 호박채를 섞은 것을 팥고물과 켜켜로 하여 찐 떡이다.

감제침떡

제주도의 12월 절식으로 생고구마를 얇게 썰어 고구마가루에 고루 섞어 찐 떡이다.

은절미

은절미는 인절미의 제주도 방언으로, 멥쌀가루를 익반죽한 다음 정방형으로 잘라 솔잎을 얹어 찐 떡이다. 멥쌀 대신 메밀을 가루 내어 만들기도 하는데 이때는 찌지 않고 끓는 물에 삶아서 떡을 만든다. 찹쌀밥을 쪄서 만드는 일반 인절미와는 재료도 만드는 법도 다르다.

반착곤떡(솔변)과 달떡

반착곤떡은 멥쌀가루를 반죽하고 밀어서 반달 모양의 솔변떡본으로 찍어 솥이나 시루에 솔잎을 깔고 찐 것이다. 추석 전에 솔잎을 따서 말려 쓰면 송진이 생기지 않아서 좋다. 반착곤떡은 일명 '솔변'이라고도 하는데, 달 모양으로 둥글게 찍어 낸 떡은 달떡이라 하고 이것을 만드는 법은 반찬곤떡과 같다. 반착곤떡과 달떡 둘 다 쌀이 사용된다. 제주도에서 혼인이나 회갑잔치 등의 대소사나 제사 때 만들어서 귀하게 사용한 떡이다.

절변

멥쌀가루를 익반죽하여 삶은 후 다시 반죽하여 둥근 절편 모양으로 빚고, 빚은 것 두 개를 겹쳐 표면에 참기름을 발라가며 둥근 모양의 절변떡본으로 찍어 낸 떡이다. 제주도에는 겹쳐진 떡을 따로 떼어서 먹으면 부모가 헤어진다고 하여 반드시 붙인 채로 먹는 풍속이 있다.

증괴

메밀가루를 익반죽하여 안반에 0.5cm 두께로 민 다음 장방형으로 잘라 솔잎을 얹어 찐 떡이다. 메밀 대신 멥쌀이나 좁쌀을 사용하기도 하는데, 좁쌀가루를 사용할 때는 팬에 지진다.

약괴

차조가루를 익반죽하여 안반에 민 다음 정방형으로 잘라 중앙에 하나, 각 모서리에 하나씩 모두 다섯 개의 구멍을 내고 팬에 지진 떡이다. 이때 참기름이나 동백기름을 사용한다. 차조 대신 멥쌀이나 메밀을 가루 내어 인절미처럼 만들기도 한다.

우찍

멥쌀을 가루 내어 익반죽하여 둥글납작하게 빚은 뒤, 팬에 기름을 두르고 지져서 꿀 또는 조청을 바른 떡이다. 우찍은 성신(星晨, 별)을 나타낸다고 하며 주로 웃기로 사용한다.

(7) 황해도

황해도는 작은 평야들이 많은 북쪽 지방의 곡창지대로, 특히 재령과 연백의 쌀은 품질이 뛰어나 왕실에 진상되었다. 알이 굵고 차진 메조나 수수, 기장, 밀, 콩, 팥 같은 잡곡도 질이 좋고 풍부하여 곡물 중심의 떡이 다양하게 발달되어 있다. 떡의 다양함에 비해 모양은 소박하며 수더분한 정감을 주는 구수한 떡이 많다. 후한 인심답게 떡의 양이나 모양새가 큼직하다. 특히 혼례 때에는 '안반만 하다'는 말이 있을 정도로 큼직하게 자른 혼인인절미나 혼인절편을 만들어서 놋동이나 큰 고리짝에 푸짐하게 담는다.

잔치메시루떡

이 지역의 멥쌀은 찰기가 뛰어나 떡을 하면 마치 찹쌀을 섞은 것과 같이 된다. 멥쌀가루에 녹두고물과 깨고물을 켜켜로 얹어 찐 떡으로 주로 의례(儀禮) 때 만든다. 경사인 잔치에는 흰깨고물을 사용하고, 제사에는 검정깨고물을 사용한다.

무설기떡

채 썬 무에 소금을 뿌려 살짝 절인 후, 멥쌀가루와 섞어 붉은팥고물을 켜켜로 얹어가며 찐 떡이다. 무를 소금에 절여야 무르지 않으며, 수분이 많은 무를 섞어야 먹었을 때 부드럽고 소화가 잘된다. 무에 단맛이 드는 가을에 특히 맛이 좋다.

무시루떡

오쟁이떡

찹쌀을 하룻밤 불려 속까지 충분히 찐 후 뜨거울 때 절구에 넣어 치고, 붉은 팥고물에 소금과 설탕으로 간을 맞춘 다음 소를 빚는다. 찐 찰떡을 달걀 크기만큼씩 떼어 속에 팥소를 넣고 아물려 콩고물을 묻히면 완성된다. 경기도의 배피떡과 비슷하다.

오쟁이떡

큰송편

멥쌀가루를 익반죽하여 거피팥고물소를 넣고 큼직하게 빚어 찐 송편이다. 쌀가루에 쑥이나 송기를 넣어 삼색으로 만들기도 한다. 만드는 방법은 보통의 송편과 같으나 소도 많이 넣어 손바닥에 가득할 만큼 큼직하게 빚고 네 손가락으로 꾹 눌러 손자국을 낸다. "껍데기 먹자는 송편, 속 먹자는 만두"라는 말도 있을 만큼 서울 송편의 다섯 배 정도로 크다.

혼인인절미(연안인절미)

연안 백천(百川)의 곡창지대에서 나오는 찹쌀은 품질이 좋아 매우 차다. 곡창지대이다 보니 인심이 후하여 큼지막한 떡을 많이 만든다. 연안인절미는 '혼인인절미'라고 할 만큼 혼례 때 꼭 만드는 떡으로 푸짐하게 잘라 고물을 묻힌다. 특히 사돈댁에 보내는 떡은 '안반만 하다'라고 할 정도로 크게 만들어 이바지로 보낸다. 이것을 혼례상에 올릴 때는 놋동이에 가득히 담고, 두 가지 콩고물을 묻힌다.

수리취인절미
찐 찹쌀에 삶은 수리취를 넣어 쳐서 만든다. 오월 단오에 만드는 인절미로 황해도에서는 쑥보다는 수리취를 많이 넣는데, 이렇게 하면 떡이 잘 쉬지 않는다고 한다. 떡에 넣는 수리취는 잎이 크고 넓적한 떡취를 사용한다.

징편(증편)
'징편'은 증편의 황해도 방언으로 여름철에 주로 만든다. 멥쌀가루를 단술로 반죽하고 발효시켜 징편틀에 붓고 대추채, 석이채, 맨드라미를 고명으로 올려 찐 후 네모지게 썬다. 일반 증편과의 차이점은 보통 막걸리를 사용하지 않고, 찬밥에 막걸리를 넣고 항아리에 담아 부뚜막에서 따뜻하게 발효시켜 단술맛이 나면 그때 멥쌀가루에 넣어 반죽한다는 것이다.

꿀물경단
찹쌀가루 반 분량의 멥쌀가루를 섞어 삼등분하고 쑥가루, 치자물, 맨드라미꽃을 우려낸 물로 삼색으로 익반죽한 다음, 경단을 빚어 삶는다. 설탕물을 끓여 식혀 만든 시럽이나 꿀물에 이렇게 삶은 경단을 담가 먹는다. 찹쌀가루로만 만드는 경단과 달리, 멥쌀가루를 섞어 만들기 때문에 떡이 늘어지지 않고 꿀물에 담가 먹는 점이 특이하다. 꿀물에 담는 것이 수단과 비슷하기는 하나 음료로 마시는 수단과는 다르다.

찹쌀부치기
찹쌀가루를 익반죽하여 둥글게 만들어 팬에 지지다가 꿀로 반죽한 거피팥고물을 소로 넣고 반달 모양으로 접어 만드는 떡으로 부꾸미의 일종이다.

수수무살이
차수숫가루를 끓는 물로 반죽하여 보통 경단보다 세 배 정도로 크게 빚은 후 삶아 찬물에 헹군 다음 건져서 팥고물을 묻힌 떡이다. 평소에 만들어 먹는다.

좁쌀떡
차좁쌀로 밥을 하고 쳐서 인절미처럼 끈기가 생기면 달걀만큼씩 떼어 팥소를 넣고 둥글게 빚어 콩가루를 묻힌다. 팥을 거피하고 쩌서 찧은 후 설탕과 소금 간을 하여 밤톨만큼씩 뭉친 팥소를 사용한다.

닭알떡(닥알떡)

잔치떡이라기보다는 평소에 만들어 먹던 떡이다. 불린 멥쌀을 갈아 보자기에 담고 위에 한지를 덮은 뒤 짚을 태워 그 재를 부어 물기를 빨아 낸다. 이것을 조금씩 떼어 구멍을 파고 소금과 설탕으로 간을 한 거피팥소를 넣고 달걀 모양으로 빚어 끓는 물에 속까지 잘 익도록 삶아 건져서 팥고물을 묻힌다.

닭알떡

수제비떡

팥을 끓여 익으면 반쯤 으깬 후 밀가루 반죽한 것을 수제비처럼 뜯어놓고, 그 위에 다시 팥고물 얹기를 반복하여 켜켜로 놓아 익힌 떡이다.

(8) 평안도

평안도는 서쪽의 일부 해안 지역을 빼고는 대체로 산세가 험하기 때문에 경작지 중 논은 바다에 면한 20% 정도에 지나지 않는다. 그러나 평안북도의 황해 연안과 청천강 유역에 넓게 분포된 논은 수리시설이 잘 되어 있으며, 평안남도의 서부 평야지대는 논의 면적에 비해 곡식 수확량이 많고 농사도 비교적 잘 되는 편이다. 농산물로는 쌀과 조, 수수, 기장, 옥수수, 감자, 대두, 보리, 팥, 녹두 등이 생산되며 잡곡도 좋다.

평안도는 지리적으로 중국과 가까워 사람들의 성품이 진취적이고 대륙적이어서 떡 또한 먹음직스럽게 큼직하고 푸짐하게 많이 만든다.

송기절편 · 송기개피떡

송기는 소나무의 속껍질로 수확 당시에는 흰색이지만 삶아서 말리면 붉은빛이 난다. 단옷날 멥쌀가루에 송기를 섞어 쩐 후 쳐서 붉은빛의 절편을 만들거나 혹은 소를 넣고 개피떡을 만들어 송기떡을 즐긴다. 예전에는 봄철 단오 때쯤 집집마다 송기 삶아 두드리는 소리가 들릴 정도였으나, 지금은 보기 힘든 떡

송기절편

이 되었다. 일명 '송구지떡', '송구떡'이라고도 한다.

조개송편

멥쌀가루를 익반죽하여 깨소를 넣고 조개 모양으로
빚어 찐 떡이다. 깨소는 깨를 볶아 찧은 다음 설탕과
간장을 넣어 만든다.

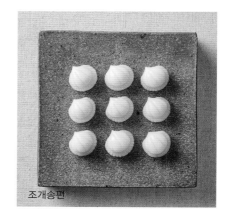
조개송편

꼬장떡

멥쌀가루나 좁쌀가루로 익반죽을 하여 둥글납작하
게 빚은 다음, 끓는 물에 삶아 건져 찬물에 헹구고
참기름을 바른 후 콩고물이나 팥고물을 묻힌 떡이다.

뽕떡

멥쌀가루를 익반죽하여 뽕잎 모양으로 납작하게 빚은 뒤 반죽에 뽕잎을 붙여 쪄낸 떡이다. 뽕
잎 대신 가랑잎을 쓰기도 하는데, 농가 부업으로 양잠이 발달한 영변 등 청천강 지역에서 많
이 해 먹는다. 여러 날 두어도 잘 상하지 않아 여름철에 즐겨 먹는다.

무지개떡

찹쌀가루와 멥쌀가루를 섞어 체에 친 후 삼등분하여 각각 치자물, 쑥물, 팥물을 들여 켜켜이
안쳐 찐 떡이다.

감자시루떡

감자를 갈아 베보자기에 넣어 짠 건더기를 모으고 감자물을 잠시 가만히 두어 전분을 가라
앉힌다. 전분에 물을 두세 번 갈아주어 깨끗한 전분이 만들어지면 건더기와 섞어 익반죽하고
굵은팥고물을 얹어가며 시루에 안쳐 찌면 완성된다.

니도래미

찹쌀가루를 말랑하게 익반죽하여 둥글납작하게 빚은 후, 팬에 기름을 두르고 수저로 눌러가
며 익히다가 뒤집어서 한편에 녹두소를 넣고 반으로 접어 반달 모양으로 꼭꼭 눌러가며 지진
다. 떡 위에 밤채, 대추채, 석이채를 예쁘게 붙인 후 꿀에 재우면 완성이다.

놋티(놋치)

찰기장, 차수수, 찹쌀을 가루내어 익반죽한 것에 엿
기름을 넣고 5~6시간 정도 삭힌 후 참기름에 지진
떡이다. 단맛과 함께 신맛이 나며 쫄깃쫄깃한 식감이
특징이다. 반죽을 삭힐 때는 자주 반죽해서 잘 섞어
야 딱딱한 멍울이 생기지 않는다. 지진 떡이 차게 식
으면 사기 항아리에 설탕이나 꿀을 뿌리면서 차곡차
곡 담아두고 먹는다. 찰기장이나 찰수수, 찹쌀을 섞
지 않고 한 가지 곡식으로만 만들기도 한다.

노티떡

　이 떡은 쉽게 상하지 않으므로 추석 명절쯤에 만들어서 성묘 때나 여름철에 간식으로 먹기
도 한다. 평안도에서는 주로 명절 때 많이 만들어 명절음식으로 먹는다.

강냉이골무떡

옥수숫가루를 익반죽하여 골무 모양으로 빚어 찐 떡이다. 많이 치댈수록 떡이 쫄깃하고 매끈
해지므로 충분히 치대주도록 한다.

(9) 함경도

함경도는 한반도의 가장 북쪽에 자리 잡은 지역으로 백두산과 개마고원의 산간지방이 대부
분이며 밭농사가 발달되어 있다. 콩, 조, 옥수수, 수수, 귀리, 기장 등 잡곡이 주로 생산되어 잡
곡을 이용한 떡이 많고, 떡의 맛이 소박하며 구수하다. 특히 메조와 메수수는 품질이 좋고 남
쪽 메곡식보다 찰기가 뛰어나 떡을 만들면 맛이 좋다.

찰떡인절미(함경도 인절미)

찹쌀을 쳐서 인절미를 만들고, 고물을 묻히지 않고 고물과 떡을 따로 두었다가 먹을 때마다
꺼내 썰어서 고물을 묻혀 먹는다. 일반적인 인절미와 만드는 방법이 같다.

기장인절미

기장쌀을 씻고 불려서 찐 후 너무 곱지 않게 쳐서 동글납작하게 빚은 다음 거피팥고물을 묻
힌 떡이다.

달떡

멥쌀가루를 찌고 쳐서 둥근 흰떡을 만들고 나무판으로 가로세로 줄을 찍어 참기름을 바른 떡이다. 함경도와 평안도 지방에서는 이 떡을 혼례상에 올리는데, 이때 놋동이에 달떡을 여러 켜 쌓아 고인 후 꽃을 꽂아 장식한다.

오그랑떡

오그랑떡

팥에 물을 넉넉히 넣고 삶아 거의 익으면 멥쌀가루를 익반죽하여 경단(옹심이)을 만들고 넣어 익힌다. 익은 경단에 설탕과 소금을 넣어 간을 맞추면 완성이다.

구절떡

찹쌀가루를 송편 반죽보다 조금 묽게 반죽한 다음 분홍, 옥색으로 색을 들이거나 흰색 그대로 두고 미나리잎, 대추채, 석이채 등을 붙여가며 얇게 지진 떡이다. 단옷날에 해 먹는다.

괴명떡

찹쌀가루를 되직하게 반죽하여 동그랗고 아기 주먹보다 크게 빚어 만든다. 무쇠가마에 빚어 놓은 반죽을 넣고 약한불로 굽다가 부풀어오르면 뒤집어서 누르고 다시 부풀어오르면 꺼낸다. 이 떡을 슴슴한 소금물에 잠시 담갔다가 꺼내서 참기름을 발라 먹는다.

꼬장떡(곱장떡)

좁쌀가루를 익반죽하여 예쁘고 기름하게 빚은 다음 가랑잎(떡갈나무잎)에 싸서 찐 떡이다. 함경도지방의 메조는 찰기가 뛰어나서 오래되어도 굳거나 변하지 않기 때문에, 먼 길을 갈 때 이 떡을 만들어가기도 하였다.

감자찰떡

찐 감자의 껍질을 벗기고 소금을 넣은 뒤 오래 쳐서 끈기가 생기면 땅콩이나 팥고물을 묻혀 먹는다.

언감자떡(언감자송편)

함경도는 겨울이 길고 추워서 저장해둔 감자가 쉽게 어는데, 이러한 성질을 이용한 떡이다. 언감자를 말려 가루로 만든 다음, 익반죽하여 팥소를 넣고 송편처럼 빚고 쪄서 참기름을 바르면 완성이다.

가랍떡

수숫가루를 반죽하고 작게 떼어 가랍잎(떡갈나무잎)으로 싼 다음, 옥수수잎으로 묶어 찐 떡이다. 익은 떡은 잎을 떼어내고 콩고물을 묻혀 먹는다. 함경도에서 생산되는 질 좋은 수수를 이용한 떡으로 가랍잎 대신 옥수수잎을 사용하기도 한다.

콩떡

콩을 갈아 멥쌀가루와 섞어 반죽한 다음 동글납작하게 빚어 찐 떡이다.

깻잎떡

멥쌀가루를 익반죽하여 깻잎 사이에 넣은 다음 양쪽에서 손바닥으로 꾹 눌러 찐 떡이다. 깻잎을 반으로 접어 멥쌀가루 반죽을 싸기도 하는데, 이렇게 하면 깻잎향이 배어 특별한 맛이 난다.

귀리절편

멥쌀에 귀리를 섞어 만든 절편으로 매끄럽고 쫄깃쫄깃하다. 함경도의 깊은 산골 고원지대에서 나는 귀리로 만드는 별미떡이다.

지역별 향토떡

지역	종류
서울	봉우리떡, 각색편, 화전, 주악, 석이단자, 대추단자, 쑥구리단자, 밤단자, 유자단자, 은행단자, 건시단자, 율무단자, 상추설기
경기도	색떡, 여주산병, 배피떡, 우메기, 개성주악, 우찌지, 개성경단, 각색경단, 수수도가니, 개떡, 쑥갠떡, 쑥버무리, 밀범벅떡, 근대떡, 백령도김치떡, 개성조랭이떡
충청도	꽃산병, 곤떡, 쇠머리떡, 약편, 막편, 수수팥떡, 호박떡, 호박송편, 해장떡, 장떡, 감자떡, 감자송편, 칡개떡, 햇보리개떡(충주개떡), 도토리떡, 볍씨쑥버무리, 사과버무리떡
전라도	감시리떡, 감고지떡, 감인절미, 감단자, 전주경단, 꽃송편, 삐삐떡(빼기송편), 모시송편, 모시떡, 나복병, 호박고지차시루편, 호박메시리떡, 풋호박떡, 복령떡, 수리취떡, 수리취개떡, 송피떡, 보리떡, 밀기울떡, 구기자약떡, 고치떡, 콩대끼떡, 우찌지, 차조기떡, 섭전(익산), 주악
경상도	감단자, 상주설기, 모시잎송편, 감자송편, 거창송편, 망개떡, 만경떡, 모듬백이, 잡과편, 잣구리, 밀양경단, 부편, 쑥굴레(숙글레), 쑥떡, 칡떡, 유자잎인절미, 도토리찰시루떡, 곶감호박오가리찰편, 곶감화전, 주걱떡
강원도	감자시루떡, 감자떡, 감자송편, 감자경단, 언감자떡, 감자투생이, 감자뭉생이, 옥수수설기, 옥수수보리개떡, 옥수수칡잎떡, 찰옥수수시루떡, 메밀전병(총떡), 댑싸리떡, 메싹떡, 도토리송편, 무송편, 칡송편, 방울증편, 호박시루떡, 호박단자, 구름떡, 팥소흑임자, 각색차조인절미, 수리취개피떡
황해도	닭알떡, 오쟁이떡, 연안인절미, 좁쌀떡, 꿀물경단, 무설기떡, 징편, 수리취인절미, 증편, 수제비떡, 잔치메시루떡 큰송편 찹쌀부치기 수수무살이
평안도	노티(놋티), 송기절편, 송기개피떡, 조개송편, 강냉이골무떡, 감자시루떡 ,찰부꾸미, 골미떡, 꼬장떡, 뽕떡, 찰부꾸미, 무지개떡, 니도래미
함경도	오그랑떡, 기장인절미, 언감자송편, 가랍떡, 괴명떡, 감자찰떡, 콩떡, 구절떡, 깻잎떡, 함경도인절미, 달떡, 귀리절편 꼬장떡(곱장떡)
제주도	도돔떡, 침떡(좁쌀시루떡), 차좁쌀떡, 오메기떡, 돌레떡, 속떡(쑥떡), 빙떡(메밀부꾸미), 빼대기떡(감제떡), 상애떡(상외떡), 조침떡, 감제침떡, 은절미, 반착곤떡(솔변)과 달떡, 절변, 증괴, 약괴, 우찍

CHAPTER 2

──────────── 떡 제조의
기초

1 재료의 이해

1) 주재료의 특성

떡의 주재료인 곡류(cereals)는 쌀, 맥류, 잡곡류로 분류된다. 맥류에는 보리, 밀, 귀리, 호밀 등이 있고 잡곡에는 옥수수, 조, 기장, 수수, 메밀 등이 있다. 이 중에서 메밀만 여뀌과(마디풀과)에 속한다. 곡류에는 탄수화물이 많이 들어 있어 우리 몸의 주된 에너지원으로 쓰이며 알갱이 자체를 먹기도 하고 가루, 전분, 가공품 등으로 이용한다. 우리나라에서 중요한 다섯 가지 곡류는 쌀, 보리, 조, 기장, 콩이며 이를 '오곡'이라고 한다.

(1) 곡류의 구조
곡류의 종류에 따라 차이가 있지만 대부분의 곡류는 비슷한 구조를 갖고 있다. 곡류의 입자는 왕겨로 둘러싸여 있고 내부는 겨층, 배유, 배아의 세 부분으로 구성되어 있다.

왕겨

밀이나 벼에서 벗겨낸 왕겨는 대부분 가축의 사료나 비료로 사용한다. 쌀겨는 배합 사료나 식물성 기름의 원료로, 밀겨는 영양 강화의 목적으로 빵이나 케이크 등에 이용하기도 한다.

겨층

왕겨를 벗기면 겨층이 나오는데 겨층을 벗기는 과정을 '도정'이라고 한다. 겨층은 배유와 배아를 보호하는 부분으로 대부분 섬유소이고 단백질, 지방, 비타민 B_1, 무기질을 약간 함유하고 있다. 겨층의 가장 안쪽, 즉 배유의 가장 바깥쪽에 함유된 영양소의 상당량은 도정 중에 많이 깎여나간다.

더 알아보기 | 쌀의 도정에 따른 분류(도정률) |

도정률이란 현미에서 생산되는 백미의 백분율(%)을 의미한다. 일반적으로 현미에서 겨층이 차지하는 무게는 약 8%이고, 이를 완전히 제거한 쌀을 10분도미라고 한다. 10분도미의 도정률은 92%이다.

종류	특성	도정률(%)	소화율(%)
현미	나락에서 왕겨층만 제거	100	95.3
5분도미	겨층의 50% 제거	96	97.2
7분도미	겨층의 70% 제거	94	97.7
백미	현미를 도정하여 배아, 호분층, 종피, 과피 등을 없애고 배유만 남긴 것	92	98.4

배유

낟알 대부분을 차지하는 가식 부분으로 전분 입자의 저장고이며 단백질도 함유하고 있다. 배유의 외부는 호분층으로 단백질과 지방이 함유되어 있지만 세포벽이 두꺼워 소화가 잘 안 되므로 주로 도정을 통해 제거한다.

배아

배아는 곡류 낟알의 2~3%를 차지한다. 이 부분은 지질, 단백질, 무기질, 비타민을 함유하고 있다. 특히 불포화지방산을 함유하고 있어 도정이나 가공 중에 핵이 깨지면서 공기 중 산소에 노출되어 산화되기 쉬우므로 곡류의 저장기간 단축에 영향을 미친다.

(2) 곡류의 영양성분

곡류는 경제적인 열량 공급원으로 전분, 단백질, 비타민, 무기질, 섬유소의 중요한 공급원이기도 하다. 배아에 들어 있는 지질의 지방산은 주로 올레산(oleic acid)과 리놀레산(linoleic acid)이며 레시틴도 함유되어 있다. 곡류의 단백질은 일반적으로 생물가가 낮고 필수아미노산인 라이신(lysine), 트레오닌(threonine), 트립토판(tryptophan)이 부족하다. 따라서 곡류에 부족한 아미노산을 보충해줄 수 있는 다른 단백질 식품과 함께 섭취하면 좋다. 곡류에는 비타민 B군이 많이 함유되어 있으나 비타민 A·C·D는 거의 없다. 비타민 B군 중 티아민(thiamine)은 리보플라빈(riboflavin)보다 많이 함유되어 있으나 도정과 조리 중 손실되기가 쉽다. 노란색

옥수수는 다른 곡류와 다르게 체내에서 비타민 A로 전환되는 카로틴(carotene)을 함유하고 있다.

(3) 곡류의 종류

쌀

벼과에 속하는 식물인 벼의 열매에서 껍질을 벗긴 알맹이가 쌀이다. 밀, 옥수수와 함께 세계 3대 식량작물 중 하나로 열대, 온대 지역에서 광범위하게 재배된다.

- **벼의 품종** 세계적으로 벼의 품종은 다양하지만 크게 자포니카(일본형, japonica)형과 인디카(인도형, indica)형으로 구분된다. 자포니카형은 쌀알이 짧고 둥글며 밥을 지었을 때 점성이 높다. 우리나라, 일본, 대만, 중국 남북부, 이집트, 이탈리아 등에서 생산된다. 인디카형은 쌀알이 가늘고 길며 탈곡이 쉬우나 밥을 지었을 때 끈기가 덜하다. 베트남, 파키스탄, 태국, 멕시코, 미국 남부 등에서 생산된다.
- **쌀의 구분** 자포니카형과 인디카형 모두 메벼와 찰벼가 있어 멥쌀과 찹쌀의 생산이 가능하다. 멥쌀과 찹쌀은 전분의 성질에 따라 구분되는데 멥쌀은 반투명하고 찹쌀은 유백색을 띤다. 멥쌀은 전분 중 아밀로스가 20~25%, 아밀로펙틴이 75~80%인데 찹쌀에는 아밀로스가 거의 함유되어 있지 않다. 전분의 호화온도는 찹쌀이 70℃, 멥쌀은 65℃ 정도다.
- **저장에 따른 쌀의 변화** 수확 직후 햅쌀은 함수율이 높아 밥을 지을 때 물이 덜 필요하며 밥을 지으면 점성이 강하고 윤기가 나며 구수한 냄새와 감칠맛이 난다. 함수율이 낮을수록 장기간 저장할 수 있으나 함수율이 낮으면 밥맛이 저하된다. 여름철 고온다습한 환경에서는 쌀의 품질이 저하되는데, 특히 쌀의 지방이 분해되어 유리지방산이 생성되면 묵은 냄새의 원인이 된다.
- **쌀의 영양성분** 현미에는 주성분인 전분 외에 단백질, 지방, 비타민 $B_1 \cdot B_2$, 섬유소 등이 함유되어 있는 반면 정백미는 대부분 전분으로 다른 성분은 적게 들어 있다. 도정도가 높을수록 영양성분은 감소되나 소화율은 높아진다. 쌀의 단백질은 오리제닌(oryzenin)이라 하며 아미노산 중 아르기닌(arginine)은 풍부하나 라이신과 트립토판이 부족하다. 쌀에는 주로 비타민 B군이 함유되어 있고 그 외 비타민 함량은 적다. 비타민 B군 역시 외피와 배아 부분에 주로 함유되어 있는데 백미는 그 함량이 적으며 그나마 물에 씻고 밥을 짓는 동안 거의 손실된다.

전분분자는 아밀로스(amylose)와 아밀로펙틴(amylopectin)으로 구성되어 있다. 아밀로스는 포도당이 직선상으로 연결된 α-1,4결합을 통해 직쇄상의 구조를 띠며 포도당의 기본구조 때문에 대략 6분자마다 한 번 회전하는 나선구조로 되어 있다. 이 나선구조의 내부 공간은 소수성 성질로 요오드가 들어가 복합체를 형성하여 청색 반응을 나타낸다.

아밀로펙틴은 직쇄상의 α-1,4결합에 α-1,6결합으로 포도당 15~30개마다 가지가 쳐지는 분지상 구조를 이룬다. 요오드와 복합체를 형성할 수 있는 나선구조의 길이가 짧으므로 적자색을 나타낸다. 가열하면 아밀로스는 풀같이 엉키는 성질을 나타내고 아밀로펙틴은 투명해지면서 끈기를 나타낸다.

구분	아밀로스	아밀로펙틴
결합	α-1,4	α-1,4 & α-1,6
요오드반응	청색	적자색
호화, 노화	쉽다.	어렵다.

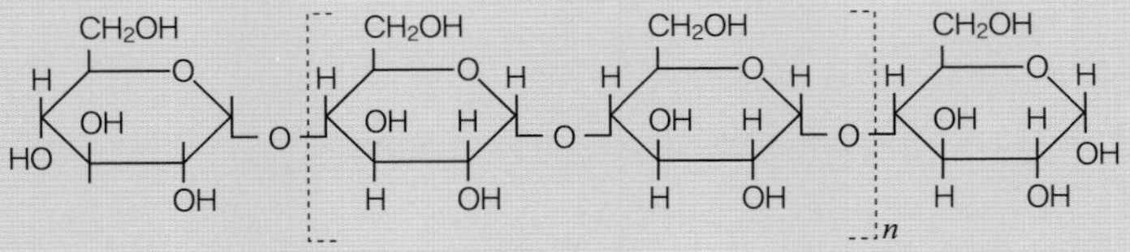

아밀로스의 구조

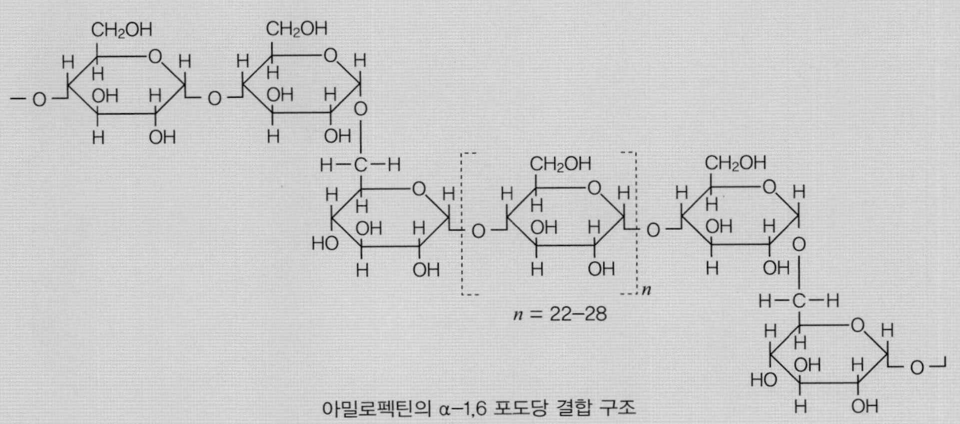

아밀로펙틴의 α-1,6 포도당 결합 구조

보리

보리는 쌀, 밀, 옥수수 다음으로 많이 생산되는 곡류로 성숙 후에도 껍질이 종실에 밀착되어 분리되지 않는 겉보리와 성숙 후 껍질이 종실에서 잘 분리되는 쌀보리로 구분된다. 겉껍질을 제거한 보리를 '현맥'이라고 하는데, 보리는 도정해도 속겨층이 완전히 제거되지 않을 뿐만 아니라 중앙에 깊은 홈이 파여 있고 그 속에 섬유질이 많아 소화가 잘 되지 않는다. 소화율을 높이기 위해 도정한 보리를 고열증기로 쪄서 기계로 눌러 만든 것이 '압맥'이고, 홈을 따라 이등분한 것을 '할맥'이라 한다. 보리는 탄수화물은 75% 정도로 밀보다 적고 섬유소가 특히 많으며 보리의 싹을 틔워 만든 맥아(엿기름)의 β-아밀레이스는 당화효소로서 식혜, 조청, 고추장, 노티떡 등을 만들 때 쓰인다.

수수

수수에는 메수수와 차수수가 있으며, 품종은 외피의 색에 따라 흰색, 갈색, 노란색이 있다. 식용으로는 주로 갈색 수수가 이용된다. 외피는 단단하고 탄닌(tannin)을 함유하고 있어 다른 곡류에 비해 소화율이 떨어진다. 오곡밥, 떡 등에 이용하는데 탄닌이 많아 떫은맛이 나므로 물을 여러 번 갈아주며 불려서 사용한다.

옥수수

밀, 벼와 함께 세계 3대 곡류로, 재배가 용이하고 생산량이 많아 사료로 많이 사용된다. 옥수

병과에 쓰이는 각종 곡류

수유, 전분, 물엿, 포도당 등을 가공하는 데 쓰인다. 옥수수에는 에너지를 공급하는 탄수화물이 풍부하며 지방과 단백질도 들어 있으나 필수아미노산이 부족하여 옥수수를 주식으로 하는 열대 주민들에게 피부병의 일종인 펠라그라(pellagra)가 많이 발병된다.

메밀

서늘하고 습하며 건조한 토양 등의 척박한 환경에서 잘 자란다. 다른 곡류보다 단백질 함유량이 많으며 단백질 중에서도 필수아미노산인 리신, 트립토판이 많이 들어 있다. 또한 모세혈관의 저항성을 강하게 하는 루틴(rutin)을 함유하고 있다.

2) 부재료의 종류 및 특성

(1) 두류

두류는 저장과 수송이 편리하고 양질의 단백질 및 지방의 중요한 급원으로 식생활에서의 중요성이 매우 크다. 두류는 대개 단백질 식품으로 알려져 있으나 종류에 따라 구성성분의 차이가 크며, 성분에 따라 크게 ① 대두나 땅콩과 같이 단백질과 지방 함량이 높고 탄수화물이 비교적 적은 것, ② 팥·녹두·동부·강낭콩 등과 같이 지방은 적고 단백질과 탄수화물의 함량이 높은 것, ③ 풋완두와 같이 비타민 C가 풍부한 것으로 분류된다.

대두

대두(大豆)는 우리나라에서 단백질의 중요한 공급원 및 발효식품으로 많이 이용되어왔다. 대두의 영양성분은 단백질 20~40%, 지질 18~22%, 탄수화물 22~30%, 회분 4.5~5%로 여러 두류 중에서도 대두의 단백질 함량이 가장 높다. 대두 단백질은 글로불린(globulin)에 속하는 글리시닌(glycinin)이 대부분이고 그 외 약간의 알부민(albumin), 파세올린(phaseolin) 등이 들어 있다. 주 단백질인 글리시닌에는 필수아미노산인 이소루신, 루신, 페닐알라닌, 발린 등이 골고루 함유되어 있으며 특히 곡류의 제한아미노산인 라이신의 함량이 높은 반면, 메티오닌이나 시스틴 같은 함황아미노산은 약간 부족하다. 곡류에는 메티오닌이 비교적 많이 함유되어 있으므로 곡류와 콩을 혼합하여 먹으면 단백질 보완효과가 좋다. 대두에는 단백질의 소화를 저해하는 물질(antitrypsin)이 들어 있으나 가열에 의하여 파괴된다.

붉은팥

붉은팥(赤豆, 小豆)은 붉은색을 띠고 있어 적두(赤豆)라고도 하며 소두(小豆)로도 불린다. 붉은팥에는 탄수화물이 56.6% 정도로 다량 함유되어 있으며 다른 두류에 비해 비타민 B_1이 많다. 팥에는 사포닌(saponin)이 0.3~0.5% 함유되어 있는데, 사포닌에는 기포성이 있어 삶으면 거품이 일고 떫은맛이 나며 장을 자극하는 성질이 있어 설사의 원인이 된다. 따라서 팥고물을 만들 때는 처음 끓인 물은 따라 버리고서 다시 물을 붓고 삶아야 한다.

녹두

녹두(綠豆, 菉豆)라는 명칭은 껍질의 초록색을 뜻하는 '녹(綠)'자가 이름에 붙은 것인데 조선시대 궁중의 기록에는 '녹(菉)'으로 표기되어 있기도 하다. 주성분은 탄수화물로 60% 정도이며 단백질은 21%가량 함유되어 있다.

거피팥

껍질을 제거하였다는 뜻으로 거피두(去皮豆), 거피팥, 깐팥 등으로 불린다. 조선시대 『의궤』에는 주로 백두(白豆)라고 기록되어 있다. 탄수화물 함량이 높은 두류로 껍질을 제거하고 불리는 시간을 줄이기 위해 맷돌이나 기계를 이용하여 타갠 후 물에 불려서 껍질을 없앤다. 두텁떡 등 몇몇 떡에는 거피팥고물에 간장, 설탕, 계핏가루, 후춧가루를 넣고 팬에 볶아 사용하는데, 이렇게 만든 고물은 '초두(炒豆)'라고 한다.

동부

동부는 '강두(豇豆)', '강자두(豇子豆)'라고도 하는 탄수화물의 함량이 높은 두류이다. 동부의 전분은 묵의 재료로 사용되어 상업적으로는 녹두(청포묵)의 대용으로 쓰인다. 쌀과 섞어 밥을 만들거나 껍질을 제거하고 쪄서 고물을 만드는데, 그 색과 맛이 거피팥과 유사하여 거피팥 고물 대용으로 많이 쓰인다.

(2) 채소 및 과일류

채소 및 과일류의 색소

신선한 채소와 과일의 색은 선명한 아름다움을 가지고 있어 식욕을 돋운다. 채소와 과일의 색깔은 클로로필, 카로티노이드, 안토시아닌, 안토잔틴과 베탈레인 등 천연색소에 의해 나타난다. 천연색소들은 대개 불안정하여 저장, 조리, 가공 등에 의해 쉽게 변하므로 색소의 구조와 기본적인 반응의 이해가 필요하다.

- **클로로필(엽록소, chlorophyll)** 식물의 푸른 색소인 클로로필은 녹색잎에 집중되어 엽록체 속에 들어 있다. 클로로필은 물에 불용성을 띠며 지방이나 유기용매에 잘 녹는 지용성이다. 클로로필은 녹색채소뿐 아니라 익지 않은 과일에도 많이 들어 있는데 과일이 익으면서 클로로필은 줄어들고 카로티노이드 같은 다른 색소들이 클로로필보다 많아져서 익은 과일 특유의 색이 나게 된다. 녹색채소를 조리할 때는 채소의 액포 내에 존재하던 유기산들이 열에 의해 조리수로 용출되어 물이 산성으로 변하고, 클로로필의 마그네슘이 두 개의 수소 원자로 쉽게 치환되어 페오피틴(pheophytin)으로 변해 색이 누렇게 된다. 이 때문에 녹색 채소를 데칠 때 용기의 뚜껑을 열고 휘발성 유기산을 휘발시켜 클로로필의 변화를 감소시킬 수 있다. 반면 알칼리에서 클로로필은 선명한 녹색을 띠며 수용성이다. 쑥을 데칠 때 베이킹소다를 넣으면 선명한 녹색을 유지하며 쑥을 연하게 만들 수 있다.
- **카로티노이드(carotenoid)** 자연계에 가장 많은 천연색소로 채소와 과일의 황색과 주황색, 약간의 적색을 나타낸다. 수백 종의 카로티노이드는 탄소와 수소만으로 구성되어 있는 카로틴(carotene)과 두 원소 외에 산소를 가지고 있는 잔토필(xanthophyll)로 나누어지며 지용성이다. 카로틴 중 식물에 가장 널리 함유되어 있는 것은 β-카로틴으로 당근, 호박, 고구마 등에 많이 존재하고 그 밖에도 α-카로틴, 리코펜이 있다. 대부분의 카로티노이드는 비타민 A의 전구체이며 체내에서 비타민 A로 전환되는 프로비타민 A이다. 라이코펜, 루테인, 제아잔틴은 비타민 A로서의 가치가 없다.

채소 및 과일류의 색소

색소		용해도	색	산	알칼리
클로로필	클로로필a	지용성	청녹색	회녹색	선명한 녹색
	클로로필b		녹황색	올리브색	
카로티노이드	카로틴	수용성	황색 주황색 등적색	안정	안정
	잔토필				
플라보노이드	안토시아닌	수용성	적색 자색 청색	적색	청색
	안토잔틴		흰색(무색) 담황색	보라색	황색

- **플라보노이드(flovonoids)** 수용성이고 크게 안토시아닌(anthocyanin)과 안토잔틴(antho-xanthin)으로 나누어지며 좁은 의미로는 안토잔틴만을 뜻하기도 한다. 안토시아닌은 채소와 과일의 파랑, 자주, 보라, 자홍, 빨강 및 주황색을 나타내는 색소로 앵두, 사과, 자두, 포도 등의 과일과 자색감자, 가지, 적양배추 등에 포함되어 있다. 안토시아닌은 매우 불안정한 색소로 pH 의해 색이 변한다. 산성용액(pH 4 이하)에서는 붉은색을 띠다가 pH 6 이상에서는 청색으로 변한다. 안토잔틴은 안토시아닌이 아닌 플라보노이드를 총괄하여 부르는 이름으로, 거의 무색이거나 담황색이며 수용성이다. 감자, 쌀, 양파와 같은 백색 식물에 단독으로 존재하기도 하지만 안토시아닌과 함께 들어 있기도 하다.

떡에 쓰이는 채소 및 과일류

- **쑥** 무기질, 비타민 A, 비타민 C 등의 함량 높고 떡의 산성을 중화하며 섭취 시 영양적인 보충이 가능하다. 쑥을 손질해서 데치치 않고 쑥버무리에 사용하기도 하며, 데쳐서 쌀가루와 같이 빻거나 떡을 칠 때 넣기도 한다.
- **무** 비타민 C, 칼륨, 마그네슘이 풍부하며 전분의 소화효소인 디아스타아제가 들어 있어 체내의 소화를 돕는다. 무가 사용되는 떡으로는 무시루떡이 대표적이며 제주도 빙떡의 소로도 쓰인다.
- **물호박(청둥호박 또는 맷돌호박)** 카로틴이 풍부하며 물호박을 썰어넣어 떡을 만들거나 호박을 말려 호박고지를 만들어서 떡에 사용하기도 한다. 호박고지는 떡을 만들기 전에 미지근한 물에 불려 사용한다.
- **대추** 떡의 부재료로 쓰거나, 채를 썰어 고물로 사용하고 대추꽃을 만들어서 고명에 쓰기도 한다. 대추를 쌀가루와 섞어 떡을 찔 때 대추가 너무 건조하면 주변의 쌀가루가 익지 않고 하얘지기 때문에 대추를 물에 살짝 적시거나 한 번 쪄서 사용하면 좋다.
- **오미자** 단맛, 신맛, 쓴맛, 짠맛, 매운맛의 다섯 가지 맛이 난다 하여 오미자(五味子)라고 불린다. 깨끗이 씻어 사용하기 하루 전날 찬물에 담가 우린 다음 면포에 걸러 사용하는데 끓이거나 더운물에 우리면 쓴맛과 떫은맛이 난다.

떡에 색을 내는 재료

색	재료
붉은색	백년초가루, 코치닐색소, 오미자, 지초
초록색	파래(감태)가루, 갈매, 승검초가루, 쑥, 녹찻가루, 보리순가루
노란색	치자, 단호박가루, 홍화, 송홧가루, 울금
갈색	송기, 대추고, 도토리가루, 감가루
검은색	석이가루, 검정깻가루, 흑미가루

백년초가루   팥앙금가루   코치닐   경앗가루

앵두청   자색고구마   오미자   지치

붉은색을 내는 재료

파래가루   승검초가루   쑥가루

녹차가루   치자가루   데친 쑥

푸른색을 내는 재료

노란색을 내는 재료

갈색을 내는 재료

검은색을 내는 재료

- **백년초** 손바닥선인장의 열매로 항산화·항균 등의 효과가 있다. 열에 불안정하여 쌀가루에 섞어 찌면 붉은색이 유지되지 못하고 산화된다. 백년초분말은 열풍건조보다 동결건조로 만든 것의 색이 훨씬 선명하다.
- **치자** 치자를 물에 담그면 노란색이 우러나온다. 이것을 반 잘라 따뜻한 물에 담그면 색이 우러나는 시간을 단축시킬 수 있으며, 우리는 물의 양과 치자의 개수로 색의 농도를 조절할 수 있다.
- **갈매** '서리자(鼠李子)'라고도 불리는 갈매는, 갈매나무의 열매로 팥알만 한 크기이며 둥글고 빛깔이 검다. 한약재나 짙은 초록색의 염료로도 쓰인다. 갈매라는 단어 자체가 짙은 초록색을 뜻하기도 한다.
- **감** 감의 단맛은 주로 포도당과 과당으로 인한 것이며 비타민 A와 C가 많이 들어 있다. 유기산이 없어서 신맛은 나지 않고 탄닌으로 인해서 떫은맛이 난다. 껍질을 벗기고 건조시키면 곶감이 되며, 곶감 표면의 흰색가루는 '시설(柿雪)' 또는 '시상(柿霜)'이라고 한다. 이것은 포도당과 과당이 결정화된 것이다.
- **유자** 비타민 C와 B의 복합체가 많이 들어 있으며 프로비타민 A인 카로틴 또한 많이 들어 있어 노란색을 띤다. 구연산이 많아 신맛이 강하게 난다. 떡에 사용할 때는 수분이 많고 신맛이 강한 과육보다 수분은 적고 향이 강한 껍질을 당절임해 두었다가 주로 사용한다.
- **복숭아** 과육이 흰색인 백도와 노란색인 황도가 있다. 비타민 A는 황도에 더 많이 들어 있고, 과육에는 아미노산, 특히 아스파라진이 많이 함유되어 있다. 또한 펙틴이 많이 들어 있어 잼이나 젤리를 만드는 데 자주 쓰인다. 살구와 함께 즙을 내어 도행병(桃杏餠)을 만드는 데 사용하기도 했다.

(3) 견과류

- **밤** 밤의 성분은 약 40% 정도가 탄수화물로 그중에서 50%는 전분이고 나머지는 자당, 포도당, 덱스트린 등이다. 밤에는 자당(sucrose)이 많아 단맛이 강하게 나며 비타민 A, B$_1$, C도 풍부하다. 밤에 함유된 탄닌은 떫은맛을 낸다.
- **호두** 지질이 약 50~60% 들어 있다. 불포화지방산이 다량 함유되어 있다. 단백질로는 글루텔린과 트립토판이 많이 들어 있으며 마그네슘, 칼슘의 무기질도 풍부하다. 지질이 많이 들어 있어 상온에 오래 두면 산패되기 쉽다.
- **은행** 탄수화물이 약 35% 정도이고 단백질과 지방은 적게 들어 있다. 카로틴, 비타민 C, 칼륨, 인 등이 함유되어 있다. 청산배당체도 들어 있어 많이 먹으면 중독 증세를 보일 수 있다.

- **잣** 송자(松子), 백자(柏子), 해송자(海松子) 등으로 불리며 지질이 약 64% 정도로 가장 많이 함유되어 있다. 단백질이 18% 정도 들어 있으며 철, 칼륨, 비타민 B₁, B₂, E가 풍부하다. 올레산, 리놀산, 리놀레산 등의 불포화지방산이 들어 있고 지방의 함유량도 많아 상온에 오래 보관하면 산패되어 맛과 영양이 떨어질 수 있다.

(4) 당류

탄수화물의 종류

탄수화물(carbohydrates)은 식품에 함유되어 있는 당분, 전분, 섬유소를 의미하며 탄소(C), 수소(H), 산소(O)로 이루어져 있다. 탄수화물은 구성 단위에 따라 단당류, 이당류, 소당류, 다당류로 분류된다.

- **단당류(monosaccharides)** 가장 단순한 당으로 '모노(mono)'는 하나의 단위라는 뜻을 가지고 있다. 단당류의 종류로는 포도당, 과당, 갈락토스 등이 있다.
- **이당류(disaccharide)** 두 개의 단당류로 이루어진 것으로 가수분해에 의하여 두 개의 단당류로 나누어진다. 이당류를 대표하는 것은 자당(설탕, sucrose), 맥아당, 젖당(유당)이 있다.
- **소당류(올리고당, oligosaccharide)** 단당류가 세 개에서 10개의 단위로 결합된 탄수화물이다. 라피노오스, 스타키오스가 가장 일반적이며 인체에서 소화되지 않고 장내에서 박테리아에 의해 분해된다.

탄수화물의 종류와 급원식품

탄수화물		급원식품	
단당류	포도당 과당 갈락토스	포도, 과일류, 꿀 과일류, 꿀 우유	
이당류	자당 맥아당 젖당	사탕수수, 사탕무, 단풍당 곡류 우유, 유청	
소당류		당밀, 콩류, 견과류, 씨앗	
다당류	전분 덱스트린 글리코겐 셀룰로오스 이눌린 펙틴	옥수수, 밀, 감자, 기타 곡류 밀제품, 꿀 간, 근육 식물류 돼지감자 과일, 채소류의 세포벽 내에 함유	

더 알아보기 | 감미도 |

감미도는 단맛을 내는 정도와 관련된 관능 성질로 일반적으로 설탕(100)을 기준으로 삼는다. 대표적인 당들의 감미도의 순서는 과당(173) 〉 전화당(130) 〉 자당(100) 〉 포도당(74) 〉 맥아당 (32) 〉 갈락토스(32) 〉 젖당(16)이다.

- **다당류(polysaccharide)** 세 개 이상부터 수백 개 또는 수천 개까지의 단당류 단위가 여러 방법으로 연결되어 있는 복합탄수화물이다. 전분, 덱스트린, 셀룰로오스, 이눌린 등이 있다.

단맛을 내는 재료

- **설탕(자당, sucrose)** 과당과 포도당으로 구성된 이당류이다. 자당 함량이 비교적 높은 사탕수수와 사탕무에서 얻는다. 정제 정도에 따라 백설탕, 황설탕, 흑설탕으로 나누어지며 설탕의 감미도는 100으로 감미도의 기준이 된다.
- **꿀** 벌이 화밀(花蜜)에서 모은 당으로 포도당과 과당이 주성분이고, 자당은 약 2% 정도이다. 자당은 벌에서 분비되는 효소에 의하여 포도당과 과당으로 분해되었기 때문에 함량이 낮다. 자당이 가수분해되면 포도당과 과당 사이에 있는 연결은 파괴되고 한 분자의 물이 반응에 첨가되는데 이러한 결과 전화당(invert sugar)이 생성된다. 꿀은 전화당을 많이 함유하고 있으며 소화를 돕고 즉시 에너지로 변하여 피로 회복에 좋다. 꿀의 특성은 과당과 포도당의 비율에 따라 달라지는데 포도당의 비율이 높은 유채꿀이나 싸리꿀은 저장 시 결정이 잘 생긴다.
- **물엿(전분당, corn syrup)** 주로 옥수수전분을 분해하여 제조하며 전분을 산, 효소로 가수분해하여 농축시킨 시럽으로 맥아당, 포도당, 덱스트린 등이 함유되어 있다. 옥수수에서 전분을 추출한 후 가수분해하므로 불순물이 섞여 있지 않다. 설탕 결정을 방지하기 위해 설탕 시럽 등에 이용하며 가열하면 단단해지는 성질을 이용해서 엿강정 등에도 쓰인다.

캐러멜화

설탕을 가열하면 녹아서 액체상태가 되며 이 이상 가열하면 변화가 일어난다. 설탕의 융점은 160℃이다. 설탕을 융점보다 조금 높은 온도(170℃)까지 가열하면 설탕이 캐러멜화되어 황색에서 갈색으로 변하는데 이 현상을 캐러멜반응이라고 한다. 캐러멜에 설탕 분자는 소량 존재하고 설탕의 분해물질이 다량 존재하여 단맛은 적고 쓴맛과 특유의 향을 낸다. 갈락토스와 포도당은 설탕과 같은 온도에서 갈변되나 과당은 110℃, 맥아당은 180℃ 정도에서 갈변된다.

- **조청** 물엿과 유사하게 곡류의 전분을 가수분해하여 제조한다. 물엿은 전분을 추출한 후 효소나 산으로 가수분해하는데, 조청은 곡류를 가열하여 호화시킨 후 엿기름(효소)을 첨가하고 당화시킨 후 걸러 농축시킨다. 따라서 당의 일부가 캐러멜화되어 갈색으로 변하고 엿 특유의 향기를 가지게 된다.
- **올리고당(Oligosaccharide)** 탄수화물을 분자량의 크기에 따라 분류하였을 경우 중간 정도의 분자량을 가진 물질의 총칭으로 3~10개의 단당이 결합된 탄수화물이다. 올리고당은 인체의 소장에서 효소에 의해 가수분해되지 않거나 극히 일부가 가수분해되고 그대로 대장까지 도달하여 박테리아에 의해 분해된다. 저칼로리(2kcal/g)로 인슐린 분비에 영향을 주지 않으나 다량으로 흡수되었을 때 대장에서 미생물에 의하여 발효되기 때문에 탄산가스가 생성될 수 있다.

2 떡류 제조 공정

1) 떡의 종류와 제조원리

(1) 떡의 종류

떡의 분류하는 방법은 다양하겠지만 통상적으로 만드는 방법에 따라 분류할 수 있다. 국어사전에서 "물편"이라는 단어를 찾아보면 "시루떡을 제외한 모든 떡을 통틀어 이르는 말"이라고 정의되어 있다. 떡은 크게 시루떡과 물편으로 분류할 수 있는데, 찌는 떡 또는 시루떡을 기본으로 하고 물편을 치는 떡, 지지는 떡, 빚는 떡 등으로 분류할 수 있다. 떡을 분류하는 명칭 또한 찌는 떡, 지지는 떡 등과 같이 과정형으로 표현하는 방식과 찐 떡, 지진 떡 등과 같이 결과형으로 표현하는 방식이 있다.

찌는 떡(찐 떡, 증병, 甑餠)

찌는 떡은 고물을 사용하지 않고 찌는 무리병(설기떡)과, 고물을 사용해 여러 켜로 찌는 켜떡으로 분류하고, 빚어서 찌는 떡을 빚는 떡으로 따로 분류하면 여기서 말하는 찌는 떡은 시루떡의 한 종류로 볼 수 있다. 시루떡은 '증병(甑餠)'이라고 하는데, 이것과 같은 음의 다른 한자어가 사용된 '증병(蒸餠)'은 술로 발효시켜 쪄낸 증편을 뜻한다. 멥쌀이나 찹쌀을 가루 내어

> **더 알아보기 | 고수레떡 |**
>
> - 고수레: 주로 흰떡을 만들 때 반죽하기 위해 쌀가루에 물(혹은 끓는 물)을 훌훌 뿌려 섞어 물이 골고루 퍼지게 하는 일
> - 고수레떡: 고수레하여 반죽한 멥쌀가루 덩이를 쪄낸 흰떡이다. 고수레 떡을 쳐서 만든다.

| 삼색무리병 | 콩설가 | 녹두시루떡 | 거피팥시루떡 |

붉은팥(赤豆, 小豆), 거피팥(白豆, 去皮豆), 녹두(綠豆), 깨(荏子), 볶은팥(炒豆) 등을 고물로 사용하고 밤이나 대추, 석이채, 잣 등을 얹어 찌기도 한다.

- **무리병(설기떡)의 종류** 백설기(흰무리), 무지개떡, 콩설기, 도행병(복숭아와 살구즙), 쑥설기
- **켜떡의 종류** 팥시루떡, 상추시루떡(와거병), 느티떡, 녹두메편, 신과병, 석탄병, 깨찰편, 상실병 (도토리떡), 느티떡(괴엽병), 무시루떡(나복병)

더 알아보기 │ 잡과병, 신과병, 석탄병 │

- 잡과병: 이름에 사용된 섞일 잡(雜), 열매 과(果)의 한자어처럼 여러 가지 과일을 섞어 만든 떡이다. 궁중의 잔치기록인 의궤나, 여러 고조리서에서 이 떡에 관해 기록하고 있다. 찹쌀가루로 인절미처럼 만들어 밤, 대추, 곶감 등을 채 썰어 고물로 묻힌 친 떡 종류인 것과 멥쌀가루에 여러 과일을 섞어 찐 설기떡 종류가 있다. 멥쌀가루를 이용해 잡과병을 만들 때는 주로 고물 없이 무리병의 형태로 만든다.

잡과병

- 신과병: 『규합총서』(1815)에 햇밤, 풋대추, 풋청대콩, 침감(소금물에 떫은맛을 우려낸 감)을 쌀가루에 섞어 햇녹두의 껍질을 벗겨 뿌려서 찐 떡으로 기록되어 있다. 햇과일과 햇곡식을 이용한 떡으로 녹두고물을 미리 만들지 않고 껍질만 벗겨 쌀가루에 통으로 얹어 찐 것이 특징이다.

신과병

- 석탄병: 『규합총서』(1815)에 "그 맛이 좋아 삼키기가 아깝다고 하여 석탄병이라 한다"고 기록되어 있다[애석할·아낄·소중히여길 석(惜), 삼킬 탄(呑)]. 단단한 감을 말리고 가루내어 쌀가루와 반반 섞고 잣가루, 계핏가루, 대추, 황률을 섞어 찐 다음 밤·대추·잣가루·계핏가루나 녹두 등의 고물을 뿌려 찐 켜떡의 한 종류이다.

석탄병

치는 떡(친 떡)

치는 떡은 도병(搗餠)이라 한다. 멥쌀가루나 찹쌀을 찌고 안반에 쳐서 만드는 떡으로 가장 보편적인 것은 흰떡(가래떡), 인절미, 절편 등이며 단자류도 찌거나 삶아 익힌 후 쳐서 만드는 방법이 보편적이어서 치는 떡으로 분류되기도 한다.

인절미는 찹쌀을 불려 통으로 사용하는데, 근래에는 찹쌀을 가루 내어 찐 다음 쳐서 썰고 콩고물이나 거피팥고물 등을 묻혀 만드는 것이 보다 보편적이다.

가래떡, 절편, 개피떡은 멥쌀가루에 물을 주고 찐 후 절구나 안반에 친다. 친 떡을 길게 막대 모양으로 하면 가래떡이 되고, 길게 빚어 떡살로 찍어 썰면 절편이 된다. 개피떡은 친 떡덩어리를 얇게 밀어 팥소를 넣고 접은 후 반달 모양으로 찍어 공기가 들어가게 한 떡이다. 개피떡은 '가피병(加皮餠)', '갑피병(甲皮餠)'이라고도 하며 이와 유사한 떡으로 산병이 있는데, 산병은 멥쌀가루를 쪄서 친 후 얇게 밀어 소를 넣고 종지로 조금씩 떼어 2~5개씩 붙인 것이다. 산병은 '곱장떡', '수란떡', '셋붙이', '곡병(曲餠)'이라고도 한다. 경기도 향토떡인 여주산병 역시 이와 유사한 떡이다.

- **멥쌀가루를 쪄서 친 떡의 종류**　흰떡(白餠), 가래떡, 권모병, 고치떡, 골무떡, 절편(절병), 조랭이떡, 수리취절편(차륜병), 송기절편, 개피떡, 산병, 재증병(얼음소편), 망개떡(찹쌀가루로 만들기도 함), 달떡
- **찹쌀가루(찹쌀)을 쪄서 친 떡의 종류**　인절미(은절미, 인병), 오쟁이떡, 쑥구리단자, 쑥굴레, 감단자, 유자단자, 석이단자, 대추단자, 은행단자

빚는 떡(빚은 떡)

빚는 떡은 크게 빚어 찌는 떡과 빚어 삶는 떡으로 구분할 수 있다. 빚어 찌는 떡으로는 송편, 쑥개떡 등이 있고, 빚어 삶는 떡으로는 경단이 대표적이다. 경단(瓊團)은 찹쌀가루나 수숫가루 등을 끓는 물로 익반죽하여 동그랗게 빚고 끓는 물에 삶아 콩고물이나 깨고물 등을 묻힌 떡이다. 송편(松餠)은 쌀가루를 익반죽하여 콩, 깨, 밤 등을 소로 넣고 빚어서 시루에 솔잎을 켜켜로 깔아 쪄낸 떡이다.

- **빚어 찌는 떡의 종류**　송편, 올벼송편, 부편, 감자송편, 쑥개떡, 보리개떡, 밀개떡, 모시송편, 수수도가니
- **빚어 삶는 떡의 종류**　경단, 개성경단, 수수경단, 오메기떡, 오그랑떡, 닭알떡

가래떡   산병(1)

각색단자   인절미

송편   쑥개떡

오색경단   개성경단

산승

찹쌀부꾸미

지지는 떡(지진 떡)

지지는 떡(油煎餠)이란 찹쌀가루를 익반죽하여 모양을 만들고 기름에 지지거나 묽게 개어 기름에 지지는 것으로 화전, 각색 주악(치자주악, 대추주악, 감태주악 등), 곤떡, 우메기, 개성주악, 노티떡, 돈전병, 웃지지, 섭전, 토란병, 서여향병, 산약병 등이 있다. 화전(花煎)은 반죽을 동글납작하게 빚어서 팬에 기름을 두르고 지진 떡으로 지질 때 철에 따라 진달래·장미·국화 등의 꽃이나 국화잎을 얹고 지져 계절의 정취를 즐긴다. 산승은 '사증병(莎蒸餠)'이라고도 하며 찹쌀가루를 익반죽하여 세뿔 혹은 네뿔 모양으로 빚은 후 다시 각 끝을 서너 갈래로 가르고 지진 것이다. 주로 각종 잔치에 웃기떡으로 많이 쓰였다.

(2) 떡의 제조원리

쌀 씻기

쌀에 붙어 있는 먼지와 겨, 돌과 같은 불순물을 제거하는 과정이다. 이 과정에서 쌀 전분의 비결정 부분에 10% 정도의 수분이 흡수되며 단백질, 수용성 비타민, 무기질 등이 일부 손실되는데 그 정도는 쌀을 씻는 횟수에 따라 달라진다. 초기에 씻은 물에는 불순물이 많아 빨리 씻어 버리고 다시 물을 받아 깨끗하게 씻어 불려야 완성된 떡이 잘 쉬지 않는다.

쌀 불리기

물을 미리 흡수함으로써 가열시간 내에 중심부까지 물이 침투하기가 용이해져 호화가 균일하게 이루어지게 하기 위해 쌀을 불린다. 쌀을 물에 담가두면 물이 서서히 쌀 입자 내에 침투하여 비결정 분자와 결합한다. 이로 인해 쌀알이 팽창하고 부피가 증가한다. 쌀을 씻는 동안 10% 정도의 수분을 흡수하고 담가두는 동안 20~30% 정도의 수분 흡수가 일어난다. 수분이 흡수되는 속도는 물의 온도에 비례해 물의 온도가 높으면 흡수시간이 빠르고 온도가 낮으면 흡수시간이 길다. 즉 여름보다 겨울에 더 오래 불려야 한다.

- 불린 멥쌀의 수분 함량은 27% 정도이며 불린 찹쌀의 수분 함량은 38% 정도로 찹쌀이 수분을 더 흡수한다(쌀을 불리면 멥쌀은 1.25배, 찹쌀은 1.4배 정도가 됨).
- 쌀을 물에 불리면 수분을 흡수하여 단단한 쌀 전분 입자 내 미셀구조의 결합력이 약해져 가루를 빻았을 때 쌀가루가 곱고 쌀가루의 팽윤력과 용해도가 증가한다.
- 쌀의 수분흡수율은 온도마다 차이가 나지만 초기 15분까지 매우 빠른 속도로 흡수하고 30~90분이면 98~99% 정도의 수분을 흡수한다.

쌀가루 만들기

불린 쌀은 체에 건져 물기를 빼고 빻는다. 전통적으로는 절구나 방아 등을 이용하여 빻은 뒤 체에 내려 사용하고 근래에는 롤밀기계를 이용하여 빻는다.

사용 목적이나 만드는 떡의 종류에 따라 다르지만 롤밀기계를 이용하여 쌀가루를 빻을 때는 일반적으로 멥쌀은 두 번 빻고 찹쌀은 한 번 빻아 사용한다. 쌀가루를 빻을 때는 소금을 넣고 빻는데 지역마다 미세한 차이는 있지만 통상 불린 쌀 무게 1~1.2% 정도의 소금을 넣어 빻는다.

쌀가루를 빻는 과정에서 데친 쑥, 찐 단호박과 같은 부재료를 넣어 함께 빻아 쓰기도 한다. 식이섬유는 수분결합력이 커서 쑥이나 수리취 등 섬유소가 많은 재료를 넣으면 보수성을 갖기 때문에 노화를 지연시킬 수 있다.

물 내리기

불린 쌀의 수분흡수율은 멥쌀이 27%, 찹쌀이 38% 정도이다. 멥쌀과 찹쌀의 수분흡수율이 다른 이유는 찹쌀의 아밀로펙틴 함량 차이 때문이다. 찹쌀의 경우 멥쌀에 비해 10% 이상 높은 수분흡수율을 보이며, 찌는 동안 전체 중량에서 7% 이상의 수분을 더 흡수하기 때문에 떡을 할 때는 물을 더하지 않아도 익힐 수 있다. 이에 비해 멥쌀에 물을 추가로 주지 않고 찌면 호화가 잘 이루어지지 않는데, 이러한 사실은 불린 멥쌀의 수분 함량이 27%이고 백설기의 수분 함량은 34~59% 정도인 것을 통해 확인할 수 있다. 이처럼 쌀가루에 꿀물이나 물을 주어 체에 내리는 과정을 '물 내리기'라고 한다.

반죽하기

송편이나 화전 등의 반죽을 할 때는 끓는 물을 넣어 익반죽한다. 익반죽을 하는 이유는, 쌀가루는 밀가루와 달리 글루텐이 형성되지 않아 끓는 물을 넣어 쌀가루의 일부를 호화시켜 점성 있는 반죽을 만들기 위해서이다. 반죽할 때 물의 온도가 높을수록 좋은 반죽을 만들 수 있다.

증편은 기지떡, 기주떡, 기증병, 술떡, 증병(蒸餅) 등으로 불린다. 증편은 막걸리를 반죽에 넣어 발효시킨 다음 찌는 발효떡이다. 우리나라의 대표적인 발효떡은 증편과 상화병이 있다. 발효과정 중 생성된 유기산에 의한 신맛과 해면상의 다공성조직을 가지며 다른 떡보다 미생물에 의한 변패가 느려 주로 여름철에 많이 만들어 먹는다.

가열하기(찌기)

쌀가루를 찌거나 삶거나 지지면 결정적으로 전분의 변화가 나타난다. 전분이 호화되면 먹기 좋은 상태로 바뀌며 가열 중에 덱스트린(dextrin), 유리아미노산, 유리당이 침출되어 맛이 좋아진다. 시루에 떡을 안쳐 찔 때는 물솥과 시루 사이로 김이 새지 않도록 밀가루를 되직하게 반죽하여 붙이는데 이것을 '시룻번'이라고 한다.

뜸들이기

떡을 다 찌고 나서 시루에서 바로 꺼내지 않고 고온에서 일정 시간을 유지하는 과정이다. 이때 미처 호화되지 못하고 남은 전분 입자들의 호화가 이루어진다.

치기

인절미나 절편과 같은 떡은 많이 칠수록 점탄성이 늘어나서 쫄깃하고 맛이 좋다. 이렇게 치는 공정을 '펀칭(punching)'이라고 한다. 통찹쌀을 불려서 찐 후 안반에 놓고 쳐서 인절미를 만들 때 찰밥을 치는 동안 찹쌀 전분의 주성분인 아밀로펙틴이 세포 밖으로 나와 호화된 후 많은 가지를 가지고 있던 아밀로펙틴끼리 서로 완전히 엉키면서 점탄성이 강한 특징을 지니게 된다.

● 전분의 호화

전분에 물을 넣고 가열하면 끈기가 생기고 반투명해지는데 이를 전분의 호화(糊化, *α*-化)라고
한다. 전분의 호화과정 중 제1 과정은 수화현상(hydration)이다. 전분을 냉수에 분산시키면 끈끈
하지 않은 현탁액을 형성하는데 그 현탁액을 가열하면 온도가 상승함에 따라 전분 입자들이 물
을 흡수한다. 이때 전분 입자는 자체 무게의 20~30%의 수분을 흡수하는데 이렇게 한정된 수분
을 흡수하는 것은 전분 입자의 비결정성 영역에만 수분이 흡수되고 강한 분자 내 결합을 이루고
있는 결정성 영역으로는 아직 수분이 침투하지 못하기 때문이다.

제2 과정은 팽윤(swelling)에 의한 붕괴과정이다. 전분 현탁액을 더욱 가열하여 온도가 60℃
이상이 되면 보다 많은 수분이 결정성 영역으로 침투하여 자체 무게의 3~25배까지 팽윤이 일
어나며 계속 가열하면 전분 입자 일부가 붕괴되어 아밀로스가 용출되어 나오고, 아밀로펙틴의
일부가 끊어져 나오거나 전분 입자의 결정성이 소실된다. 전분 내의 결정성 영역이 파괴되어 결
정성을 소실하는 온도인 호화온도는 전분의 종류에 따라 다르다.

전분 호화에 영향을 미치는 요인은 다음과 같다.

- 전분의 종류: 곡류전분이 서류전분보다 호화온도가 높고 작은 입자의 전분이 큰 입자 전분보
다 호화온도가 높다.
- 전분의 수분 함량: 수분 함량이 많을수록 호화가 잘된다.
- 전분의 농도: 전분의 농도가 지나치게 높으면 수분 부족으로 호화가 잘 안 된다.
- 가열온도의 고저: 가열하는 온도와 압력이 높을수록 호화가 잘된다.
- 전분현탁액의 pH: 알칼리성에서 전분의 팽윤과 호화가 촉진된다.
- 당류의 농도: 적은 양의 설탕은 호화에 영향을 미치지 않으나 농도가 20% 이상, 특히 50% 이
상에서는 호화가 크게 억제된다.

● 전분의 노화

바로 찐 떡은 전분이 수분을 흡수하여 팽윤해서 소화되기 쉬운 형태의 부드러운 질감을 내나
그대로 방치하면 딱딱하게 변한다. 전분이 호화되어 느슨한 구조가 된 아밀로펙틴의 사슬이 다
시 규칙적으로 배열되기 시작해서 마치 생전분과 같은 상태에 가까워지기 때문이다. 이와 같이
호화된 전분의 특성을 잃어가는 현상을 전분의 노화(老化, *β*-化)라고 한다.
전분 노화에 영향을 미치는 요인은 다음과 같다.

- 온도: 노화가 가장 잘 일어나는 온도는 0~4℃이며, 60℃ 이상의 온도와 동결상태에서는 노화
가 거의 일어나지 않는다.
- 수분 함량: 수분의 양은 30~60%에서 가장 노화되기 쉽다.

(계속)

- pH: 노화는 수소 결합에 의하여 전분분자가 합하는 변화로 수소이온 농도에 영향을 받아 pH가 낮을수록 노화되기 쉽다.
- 전분의 종류: 아밀로오스는 직선 분자로 입체 장해가 없기 때문에 노화되기 쉽고, 아밀로펙틴은 분지상 구조로 아밀로오스보다 노화가 더디다. 따라서 메떡이 찰떡보다 빨리 굳는다.

● **노화의 방지**
- 당의 첨가: 설탕 등의 당을 많이 넣으면 전분을 고정화하여 노화가 방지된다. 또한 당은 수분 함량이 줄어드는 것을 방지하므로 떡이 굳는 것을 지연시킬 수 있다.
- 냉동: 전분이 호화상태로 있는 식품들은 냉동이 되면 전분의 노화가 일시적으로 방지된다. 떡은 쪄낸 직후 급속 동결해야 하며 가능하면 빠른 시간 내에 냉장 온도를 통과하여 냉동상태가 되는 것이 좋다.
- 유화제 첨가: 유화제를 첨가하면 굳는 속도가 감소한다.
- 효소제 첨가: 아밀레이스(amylase)와 같은 효소 첨가는 노화속도를 감소시킨다. 효소제를 넣고 가열하면 효소가 불활성화되기 때문에 절편, 인절미 등을 익혀서 치는 과정에 넣는다. 떡의 질감을 위해서는 효소의 양을 조절해야 한다.

β−전분 → 호화 → α−전분 → 노화 → β−전분

호화와 노화 모형도

2) 도구·장비의 종류 및 용도

(1) 재료를 다루는 도구

방아

곡식을 절구에 넣고 찧거나 빻아 껍질을 벗기거나 가루를 내는 도구이다. 지렛대의 원리를 이용하여 발로 디디어 찧는 디딜방아, 물의 힘을 이용하는 물레방아, 소나 말 등 가축의 힘을 이용하는 연자방아 등이 있다.

절구와 절굿공이
나무나 돌의 가운데를 우묵하게 파서 곡물을 넣고 절굿공이로 찧는 도구로, 쌀을 불려 빻아 쌀가루를 만들거나 떡을 쪄서 칠 때 쓴다.

돌확
'확독'이라고도 하며 곡식을 찧거나 가루낼 때 사용한다. 고추, 마늘, 생강 등의 양념을 갈거나 소금 등을 빻는다.

키
찧어낸 곡식을 담아 까불러 껍질이나 티끌을 걸러내는 도구이다. 주로 고리버들을 엮어서 만든다. 앞은 넓고 편편하며 뒤는 좁고 오목해서 찧은 곡식을 앞쪽에 넣고 까부르면 가벼운 것은 밖으로 날아가거나 앞쪽에 있고 무거운 알곡은 뒤로 모아져서 나눌 수 있게 된다. 곡식을 키에 넣고 위아래로 흔드는 것은 '까부르다', '나비질한다'라고 표현한다.

키

이남박
안쪽에 여러 줄의 고랑을 돌려 파서 만든 나무 박으로, 쌀 등의 곡식을 씻을 때 쓰는 도구이다. 그릇 안쪽에 고랑이 있어 곡물을 비벼 씻기가 편하고 곡식을 씻어 일 때 돌이나 모래도 잘 분리된다.

이남박

동고리
버들가지를 촘촘히 엮어 바닥을 둥글납작하게 만든 고리상자로, 떡이나 강정 등을 담을 때 쓴다.

조리
대오리나 싸리를 국자 모양으로 겯어서 물에 담근 곡식을 조금씩 일어 떠내는 도구이다. 곡식을 씻을 때 그릇 바닥에 가라앉

조리

는 쌀에는 모래나 돌이 섞여 있는데, 조리로 흔들어 위로 뜨는 쌀을 차근차근 다른 그릇에 옮겨 돌이나 모래를 골라낸다. 요즘에는 조리가 거의 사라지고 손잡이 체를 대신 이용한다.

맷돌

곡식을 가루로 만들거나 녹두나 거피팥처럼 껍질이 있는 곡류를 타개 물에 빨리 불려지게 할 때 쓴다. 두 개의 돌을 아래위로 겹쳐 쓰는데 '암쇠'라 불리는 윗돌에는 구멍이 뚫려 있고, '수쇠'라 불리는 아랫돌에는 회전하는 중심에 '중쇠'라는 쇠가 꽂혀 있다. '맷손'이라고 부르는 손잡이를 윗돌에 꽂아서 사용한다.

맷돌

맷방석

멍석보다는 작고 둥글며 가장자리가 약간 높게 되어 있는 도구로, 맷돌로 곡식을 갈 때 밑에 깔아 가루를 받거나 곡식을 널 때 사용한다.

매판

맷돌에 곡식을 갈 때 갈아져서 흘러내리는 재료들이 한곳에 모이도록 맷돌을 올려놓는 도구이다. Y자로 갈라진 두꺼운 나무에 발이 세 개 달려 있고, 가랑이 부분에 맷돌 크기의 홈이 나 있다.

체

절구나 맷돌에 낸 가루를 일정한 곱기로 쳐내는 도구로 체의 굵기에 따라 고운체, 깁체, 도드미, 어레미 등이 있다. 흔히 얇은 송판을 둥글게 휘어서 만든 테를 '쳇바퀴'라 하고 말총, 명주실, 철사 등으로 그물처럼 만든 것을 '쳇불'이라고 한다. 말총 등으로 올을 곱게 짜면 고운체가 되고, 명주실로 짜면 깁체, 올을 약

체

간 성글게 짜면 도드미, 그보다 굵게 짜면 어레미라고 한다. 구멍이 큰 어레미는 지방에 따라 얼맹이, 얼레미, 얼금이, 얼금체 등으로 다르게 불린다.

쳇다리

체에 곡식의 가루나 술, 장 등 국물이 있는 것을 거를 때 받는 그릇 위에 걸쳐서 체를 올려놓을 수 있게 해주는 도구이다. 삼

쳇다리

각형 또는 사다리꼴 모양이며 쌀가루를 빻은 뒤 쌀가루를 내릴 때 사용한다.

(2) 익히는 도구

시루

주로 떡이나 고두밥을 만들 때 솥 위에 올려놓고 김을 통하게
하는 그릇으로, 바닥에 구멍이 몇 개 뚫려 있다. 안에 넣는 재
료가 쏟아지지 않게 시루밑을 깔며 뚜껑은 짚으로 두껍게 결은
것을 덮는데 이것을 '시룻방석'이라고 한다. 시루와 솥 사이에서
수증기가 새는 것을 막기 위해 밀가루를 반죽해서 붙이는 것은
'시룻번'이라고 한다.

시루방석

시루

시루밑

질밥통

밥을 담거나 약식을 만들 때 찐 찹쌀을 양념하여 재어뒀다가
중탕할 때 사용하는 뚜껑이 있는 그릇이다. 감자전분이나 칡전
분 등을 가라앉힐 때도 유용하다.

질밥통

번철

화전이나 주악 등 기름에 지지는 떡을 만들 때 쓰는 무쇠로 된 철판이다. 가마솥 뚜껑을 번철
대신 쓰기도 한다.

더 알아보기 | 대나무찜기 |

대나무로 만든 찜기는 크게 뚜껑과 찜기로 구성되어 있다.
위는 넓고 아래는 좁은 형태의 시루와 달리, 위아래의 너비
가 같아 케이크형의 떡을 쪄낼 수 있다. 사이즈가 다양해서
소량의 떡을 만들기에 편리하다. 시루처럼 '시룻번'을 붙이지
않아 중간에 물 보충이 가능하고 가볍다는 장점이 있으나,
딤섬 자체의 수분 함량에 따라 떡에 영향을 주거나 쉽게 파
손될 수 있다는 단점도 있다.

대나무찜기

---

(3) 모양을 내는 도구

안반과 떡메

떡을 칠 때 쓰는 두껍고 넓은 나무판으로, 칠 때 떡이 밖으로 나가지 않도록 가운데나 한쪽을 오목하게 파낸 것도 있다. 중부지방에서는 안반을 '떡판'이라고도 하는데, 경기도에서는 오목하게 파내지 않은 넓적한 판을 그대로 사용하는 경우가 많아서인 듯하다. 찐 떡은 안반에 놓고 떡메로 떡을 치는데 떡이 달라붙지 않게 소금물을 축이며 사용한다.

떡살

'떡에 살을 박는다'라는 뜻을 가진, 절편에 문양을 내는 도구이다. '떡손'이라고도 하는데 이것은 원형 무늬에 손잡이가 대체로 양 가장자리에 있는 것을 말하며, 지역에 따라 '떡도장', '떡본'이라는 명칭도 사용한다. 문양은 부귀수복(富貴壽福)을 기원하는 길상무늬를 비롯해 장수를 기원하는 국수무늬 등 가문, 지방에 따라 그 모습이 다양하다.

  떡살무늬는 같은 유형의 소재를 묶어서 분류하는 것이 일반적이며 크게 기하문, 동물문, 식물문, 문자문 등으로 나누어볼 수 있다. 같은 유형의 소재라도 무늬가 내포하는 상징성과 의미가 다양하게 중첩된다. 기하문에 속한 직선으로 표현된 무늬는 '길다' 혹은 '연속되다'라는 관념으로 인해 장수를 상징하며, 같은 기하문인 삼각무늬는 '삼(三)'이 완벽하다는 관념에 의해 길상의 의미를 담아 풍요와 다산을 상징하기도 한다. 이렇듯 떡살의 무늬는 단순히 심미적인 관점에서 비롯된 것이 아니라 현세의 욕구 표현으로 다양한 소망과 기원을 담고 있으며 장수, 풍요 및 다산, 벽사, 부귀, 초복 등의 소망의 범주로 분류하기도 한다. 결혼식에는 석류나 포도 등 자손의 번창을 의미하는 무늬를 사용하고, 회갑에는 수복문자나 국수, 국화, 백일홍, 십장생 등의 무늬를 주로 사용한다.

안반과 떡메

떡살

CHAPTER 3

———————————— 떡 제조의
실제

1 재료 준비

1) 재료의 계량

과학적으로 조리하기 위해서는 식품의 계량이 필요하다. 식품의 낭비 없이 조리할 때마다 동일한 결과물을 얻으려면 재료의 분량이나 그 배합이 알맞아야 하고, 조리온도나 시간도 적절해야 한다. 이를 위해 반드시 정확한 계량도구를 사용하고, 모든 재료를 정확히 계량하는 방법을 알아야 한다.

(1) 계량기구

무게

무게를 잴 때는 저울을 이용한다. 조리용 저울은 1g 단위까지 정확하게 측정할 수 있는 전자저울이 사용하기 편리하다. 재료 무게를 정확하게 측정하기 위해서는 저울을 평면 위에 올려놓고 0점을 맞춘 후 측정하고, 마지막에 용기의 무게를 뺀다.

저울

부피

부피는 주로 계량컵과 계량스푼을 이용하여 잰다. 계량컵 1컵의 용량은 쿼트(quart)법으로 240mL, 미터(meter)법으로는 200mL인데, 우리나라에서는 미터법을 적용한다.

계량컵과
계량스푼

계량스푼은 1큰술(Ts), 1작은술(ts), 1/2ts, 1/4ts으로 구분되어 있다. 1큰술(Ts)은 15mL이며, 1작은술(ts)은 5mL이다.

말

- 1컵 = 1C = 200mL
- 1큰술 = 1Tablespoon = 1Ts = 3ts
- 1작은술 = 1teaspoon = 1ts = 1/3Ts

전통적인 계량도구로는 곡식, 가루, 액체의 부피를 재는 도구인 홉(合), 되(升), 말(斗) 등이 있다. 한 홉은 한 되의 10분의 1로 약 180mL에 해당한다. 되는 한 말의 10분의 1로 한 홉의 10배로 1.8L에 해당한다. 되는 지역에 따라 절반 용량인 소두 한 되를 사용하기도 한다. 말은 한 되의 열배로 약 18L에 해당한다.

되와 홉

- 1홉 = 약 180mL = 쌀 약 160g
- 1되(소두) = 5홉 = 900mL = 쌀 약 800g
- 1되(대두) = 10홉 = 1.8L = 쌀 약 1.6kg
- 1말 = 10되 = 18L = 쌀 약 16kg

(2) 계량법

액체

액체로 된 재료를 부피로 측정할 때는 유리나 플라스틱과 같은 투명한 재질의 계량컵을 이용한다. 계량컵은 평평한 곳에 올려놓고 눈금과 액체 표면 밑 선에 눈높이를 맞추어 읽으면 된다. 계량한 액체를 조리용기로 옮길 때는 용기를 완전히 비워야 하며 특히 꿀, 기름, 조청과 같이 점성이 좋은 재료는 부드러운 고무주걱을 이용하여 남김없이 옮겨야 한다. 물은 4℃, 1기압에서 부피와 무게의 값이 같다. 물일 경우에만 부피와 무게가 같다는 점을 인지하고 다른 재료들과 혼동하지 않아야 한다.

가루

일반적으로 가루 형태의 재료를 계량할 때는 무게를 재는 것이 가장 정확하지만 편의상 계량컵이나 계량스푼을 사용한다. 이때는 식품과 공기가 혼합된 외관상의 체적을 측정하는 것이 므로 덩어리진 것이 있거나, 누르거나, 계량도구를 바닥에 탕탕 치거나 혹은 흔들어 계량하면 오차가 생긴다. 밀가루나 쌀가루는 저장이나 운반 시, 혹은 가루로 빻을 때 눌리거나 덩어리 진 것이 있을 수 있으므로 체로 친 다음 수북이 담아 평면으로 깎아서 계량한다.

설탕류

설탕류와 같이 수분함유량에 의해 덩어리가 지기 쉬운 재료를 계량할 때는 덩어리진 것을 모 두 풀고 수북이 담아 평면으로 깎고 계량한다. 다만 흑설탕과 같이 수분함유량이 높아 입자 끼리 서로 달라붙는 경우에는 내부의 공백 크기에 따라 계량치가 달라지므로 꾹꾹 눌러 담 아 뒤집어 쏟았을 때 모양이 남아 있도록 계량한다.

고체지방

고체지방인 버터, 마가린, 쇼트닝 등은 부피로 계량하는 것보다 무게로 계량하는 것이 정확하 고 편리하다. 계량컵이나 계량스푼을 사용하여 계량할 때는, 재료를 실온에 두어 부드럽게 한 후 계량 용기에 눌러 담아 내부에 공백이 없게 하고 윗면을 평면으로 깎아 계량한다.

---

2) 재료의 전처리

(1) 가루 만들기

멥쌀가루와 찹쌀가루

불린 쌀은 체에 건져 물기를 빼고 빻는다. 사용 목적이나 만드는 떡의 종류에 따라 다르지만, 롤밀기계를 이용하여 쌀가루를 빻을 때는 일반적으로 멥쌀은 두 번 빻고 찹쌀을 한 번 빻아 사용한다. 쌀가루를 빻을 때는 소금을 넣는데 지역마다 미세한 차이는 있지만 통상적으로 불 린 쌀 무게의 1~1.2% 정도의 소금을 넣어 빻는다. 쌀가루를 빻는 과정에서 데친 쑥, 데친 수 리취, 찐 단호박과 같은 부재료를 넣어 함께 빻기도 한다.

현미가루

현미는 나락에서 왕겨층만 제거한 쌀로 영양소와 식이섬유를 많이 함유하고 있다. 현미는 백미보다 불리는 시간을 충분히 길게 하고(12시간 정도), 롤밀기계에 내리는 횟수도 늘려서 빻는다. 현미인절미, 현미가래떡 등을 만들 때 사용한다.

찰수숫가루

수수는 종피에 탄닌이 함유되어 있는데 수수의 탄닌은 화학적으로 고분자물질인 수용성 폴리페놀로 되어 있으나 단백질 소화를 억제한다. 수수를 불릴 때 붉은 물이 나오면 수시로 물을 갈아주어야 하는데, 이렇게 하면 수수의 떫은맛을 줄일 수 있다.

차조가루

차조는 메조보다 빛깔이 누렇고 푸르스름한 빛을 띠며 크기가 작고 끈기가 있다. 제주도에서 많이 쓰는 곡물로 조침떡, 차좁쌀떡, 오메기떡 등을 만드는 데 쓰인다.

도토리가루

가을에 나오는 도토리를 껍질을 벗겨 하루에 2~3회씩 물을 갈아주며 일주일 정도 담가 떫은맛을 우려낸다. 절구 등으로 1차로 빻은 뒤 롤밀기계에 내려 가루를 만든다. 이 가루를 그대로 떡에 사용하거나 물에 담가 전분을 가라앉힌 후 앙금만 받아서 사용하기도 한다.

(2) 고물과 소 만들기

붉은팥

붉은팥(赤豆, 小豆)은 깨끗이 씻고 일어 돌이나 이물질을 제거한다. 붉은팥은 물에 담가 불리는데 시간이 오래 걸리고 불리는 과정에서 붉은색이 흐려져 주로 불리지 않고 바로 삶아서 사용한다. 냄비에 팥과 물을 넣고 끓으면 그 물을 버리고 다시 찬물을 부어 팥이 푹 무를 때까지 삶는다. 붉은팥고물을 만들 때는 너무 무르지 않게 삶은 다음 약한 불에 뜸을 들이고 소금을 넣어 절구에 대강 찧어 만든다. 고물이 질다면 마른 팬에 볶아서 사용한다. 푹 무르게 삶아 체나 거름주머니 등에 넣고 주물러 짜 껍질과 앙금을 분리한 뒤 양념하여 볶으면 앙금고물이 되고, 졸이면 팥앙금이 된다.

거피팥

거피팥(去皮豆, 白豆)은 껍질을 제거하였다는 뜻으로 '거피두', '깐팥' 등으로도 불린다. 껍질은 검푸른 빛인데 껍질을 벗기고 나면 속이 희어서 '백두(白豆)'라고도 한다. 불리는 시간을 줄이기 위해 맷돌이나 기계를 이용하여 타갠 후 물에 불려 거친 그릇에 담고 문지르거나 손으로 비벼 껍질을 없앤다. 조리로 일어 돌이나 모래 등을 제거하고 시루에 넣어 찐다. 찐 팥에 소금을 넣고 찧어 체에 내려서 고물을 만든다. 상추시루떡, 물호박떡, 인절미 등 각종 떡의 고물로 사용하며 송편이나 단자 등의 소로도 쓰인다. 두텁떡 등의 떡에는 거피팥고물에 간장, 설탕, 계핏가루, 후춧가루를 넣어 팬에 볶아 사용하는데 이 고물을 '초두(炒豆)'라고 한다.

녹두

녹두(綠豆, 菉豆)는 껍질이 초록색이어서 해당 빛깔을 뜻하는 '녹(綠)'자가 이름에 쓰였다. 조선시대 궁중의 기록에는 '녹(菉)'으로 표기되어 있다. 맷돌이나 기계를 이용하여 타갠 후 물에 불려 거친 그릇에 담고 문지르거나 손으로 비벼 껍질을 없앤다. 떡에는 껍질을 벗겨서 사용하고 거피녹두(깐녹두)로 유통되기도 한다. 조리로 일어 돌이나 모래 등을 제거하고 시루에 넣어 찐다. 찐 녹두에 소금을 넣고 찧어 체에 내려서 고물을 만든다. 다양한 떡에 고물과 소로 사용되는데, 햇과일로 만든 떡인 신과병(新果餠)에는 햇녹두를 먼저 찌지 않고 통으로 떡에 뿌려 쓴다.

콩고물

콩가루는 흰콩, 푸른콩(청태), 서리태 등을 이용하여 만든다. 노란 콩가루는 흰콩(大豆)으로

고물에 따라 달라지는 켜떡의 명칭

고물	쌀가루	증병(찌는 떡)	떡의 명칭	
백두(白豆)	경(粳: 메벼 갱)	증병(甑餠)	백두경증병(白豆粳甑餠)	
녹두(綠豆, 菉豆)			녹두경증병(綠豆粳甑餠)	
적두(赤豆, 小豆)			적두경증병(赤豆粳甑餠)	
임자(荏子)			임자경증병(荏子粳甑餠)	
초두(炒豆)			초두경증병(炒豆粳甑餠)	
잡과(雜果)			잡과경증병(雜果粳甑餠)	
백두(白豆)	점(粘: 끈끈할, 찰지다)	증병(甑餠)	백두점증병(白豆粘甑餠)	
녹두(綠豆, 菉豆)			녹두점증병(綠豆粘甑餠)	
적두(赤豆, 小豆)			적두점증병(赤豆粘甑餠)	
임자(荏子)			임자점증병(荏子粘甑餠)	
초두(炒豆)			초두점증병(炒豆粘甑餠)	
잡과(雜果)			잡과점증병(雜果粘甑餠)	

| 붉은팥 | 막팥고물
(붉은팥고물) | 팥앙금가루 | 경앗가루 | 팥앙금소 |

붉은팥고물과 소

| 거피팥 | 거피팥(깐팥) | 거피팥고물 | 볶은거피팥고물 | 거피팥앙금소 |

거피팥고물과 소

| 녹두 | 거피녹두(깐녹두) | 통녹두고물 | 녹두고물 |

녹두와 녹두고물

노란콩   푸른콩   검정콩

노란콩가루   푸른콩가루   검정콩가루

각색콩과 콩고물

흰깨   실깨   실깻가루

흰깨와 실깻가루

검정깨   거피한 검정깨   검정깻가루

검정깨와 검정깻가루

만들며 썩거나 벌레 먹은 콩을 골라내고 젖은 행주로 닦거나 물에 재빨리 씻고 건져서 만든다. 손질한 콩을 볶아 타갠 후 키로 까불러서 껍질을 없애고 양념하여 가루를 낸다. 초록 콩고물은 청태나 서리태로 만드는데 초록색을 유지하기 위하여 콩을 볶지 않고 쪄서 만드는 것이 좋다.

깨고물

떡에는 주로 검정깨(黑荏子)와 흰깨(荏子)가 쓰인다. 검정깨는 씻고 일어 물기를 빼고 볶아 소금을 넣어 반쯤 으깨어 쓴다. 흰깨는 씻어 일어 볶아 가루를 내어 쓰거나 불려서 속껍질을 벗긴 후 볶아 실깨(實荏子)를 만들고 가루를 내어 쓰기도 한다.

(3) 기타 부재료

대추

대추는 떡에 부재료로 쓰이거나, 채를 썰어 밤채와 함께 고물로도 사용되고 대추꽃을 만들어 고명으로 쓰이기도 한다. 대추는 깨끗이 씻어 물기를 빼고 소분하여 냉동보관하며 사용하면 좋다. 고물이나 고명으로 만들 때는 껍질 쪽으로 얇게 돌려 깎아 밀대로 밀어 채 썰거나 돌돌 말아 얇게 잘라 쓴다. '대추고'로도 만들어 사용하는데, 돌려 깎고 남은 대추씨를 모아두었다가 대추와 함께 푹 고아서 체에 내려 약식, 대추약편 등에 쓴다.

석이버섯

석이버섯(石耳, 石衣)은 뜨거운 물에 불려 손으로 비벼 맑은 물이 나올 때까지 행군 후 배꼽을 떼고, 물기를 꼭 짜서 손질한다. 돌돌 말아 곱게 채 썰어 고명이나 밤·대추채와 함께 고물로 쓰고, 손질한 석이버섯은 바싹 말리고 가루를 내어 석이단자, 석이병, 석이점증병 등에 넣는다.

쑥

쑥은 깨끗이 다듬어 끓는 물에 소다를 넣고 삶아 행군 뒤 쓸 만큼씩만 소분하여 냉동보관한다. 쑥구리 단자, 쑥절편, 쑥개떡 등에서 초록색을 내는 재료로 가장 많이 사용된다. 말려서 분말로 사용되기도 한다.

오미자

오미자는 단맛, 신맛, 쓴맛, 짠맛, 매운맛의 다섯 가지 맛이 난다 하여 '오미자(五味子)'라고 부른다. 깨끗이 씻어 사용하기 하루 전날 찬물에 담가 우린 다음 면포에 걸러 쓰는데, 끓이거나 더운물에 우리면 쓴맛과 떫은맛이 난다.

지초

'지치', '자초(紫草)', '자근(紫根)'이라고도 하며 지칫과의 여러해살이풀의 뿌리에서 붉은색이 난다. 이 색소는 수용성이 아니라 알코올과 기름에서 색이 우러나기 때문에, 기름에 지초를 넣어 붉은색 기름을 만들어 사용한다.

송기

소나무의 속껍질로 나무가 마르지 않고 물기가 있을 때 벗겨서 말려두었다가 물에 우려 푹 삶은 뒤 찧어 그대로 쌀가루에 섞어 쓰거나 다시 말려서 가루를 내어 보관해두고 사용하기도 한다. 과거에는 삶을 때 담배줄거리재나 명화재 등을 넣고 삶았고 근래에는 소다를 대신 넣어서 삶기도 한다. 푹 삶은 송기를 찧어 롤밀기계로 쌀가루를 빻을 때 섞고 내려서 쓸 수도 있다.

유자당절임

유자를 깨끗이 씻어 물기를 제거하고 사등분한다. 유자의 속에는 수분이 많고 신맛이 강해서 떡에는 주로 향이 강한 껍질 쪽만 사용한다. 유자의 속과 껍질을 분리하여, 껍질과 동량 무게의 설탕에 버무려 재어두고 사용한다. 이때 공기와 접촉하지 않게 눌러서 담아둔다.

2 떡류 만들기

1) 설기떡류 제조과정

설기떡이란 주로 켜를 나누어주는 고물 없이 한 덩어리로 찐 떡을 말한다. 고물을 사용하지 않기 때문에 고물 준비의 번거로움이 없고, 대부분이 멥쌀을 이용한 떡이다. 조리법은 단순하지만 여러 부재료를 첨가하여 다양한 맛과 색이 나는 다채로운 떡을 만들 수 있다.

콩설기

백설기

쑥설기

(1) 계획 수립과 재료 선정

설기떡은 떡의 기본적인 형태로 가짓수가 가장 많다. 오늘날에는 예전보다 다양한 재료를 사용할 수 있게 되어 그 가짓수가 더욱 많아졌다.

멥쌀을 물에 불리면 무게와 부피가 증가하므로 멥쌀의 양을 정할 때 주의해야 한다. 멥쌀은 상태나 품종, 물에 불린 시간 등의 요인에 의해 차이를 보일 수 있으나 대개 불리면 무게가 약 1.25배 증가한다. 즉, 멥쌀 1kg은 약 1.25kg으로 불어난다. 설기떡을 만들 때는 불린 멥쌀 무게에 10~20%의 수분을 넣는다. 부재료와 설탕을 제외하면, 멥쌀 1kg으로 약 1.4~1.5kg 이상의 설기떡이 만들어진다.

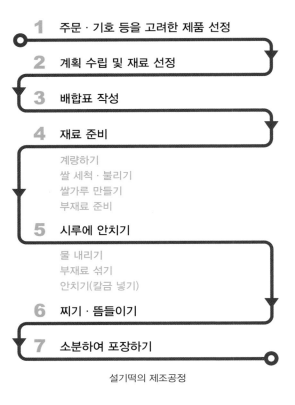

1 주문 · 기호 등을 고려한 제품 선정

2 계획 수립 및 재료 선정

3 배합표 작성

4 재료 준비

    계량하기
    쌀 세척 · 불리기
    쌀가루 만들기
    부재료 준비

5 시루에 안치기

    물 내리기
    부재료 섞기
    안치기(칼금 넣기)

6 찌기 · 뜸들이기

7 소분하여 포장하기

설기떡의 제조공정

(2) 재료 준비

계량

배합표에 따라 사용할 재료를 계량한다.

세척 및 불리기

- **멥쌀 씻기** 멥쌀이 충분히 잠길 만큼 물을 붓고 휘저어 물을 따라내고 멥쌀을 문질러 씻는다. 탁한 물이 나오지 않을 때까지 물을 3~5회 갈아주며 씻는다.
- **멥쌀 불리기** 멥쌀을 물에 불리면 부피가 늘어나므로 물속에 잠기도록 충분한 물에 담근다. 불리는 시간은 2시간부터 12시간까지 작업환경이나 만드는 떡의 종류에 따라 달라진다. 지나치게 긴 시간 불리면 쌀가루가 변질될 우려가 있고, 단시간 불리면 수분이 부족하거나 쌀가루가 거칠어질 수 있다.

| 쌀 불리기 | 소금(호렴), 물 계량하기 | 불린 쌀 물기 빼기 |

| 2차 빻기 | 1차 빻은 쌀가루에 물 넣기 | 소금(호렴) 넣고 1차 빻기 |

멥쌀가루 빻기

- 불린 멥쌀을 소쿠리에 밭쳐 30분 정도 물기를 뺀다(물이 충분히 빠지지 않으면 쌀가루에 수분이 많아진다).
- 롤밀기계(쌀 빻는 기계)를 사용한 쌀 빻기: 롤밀기계의 간격 조절 레버를 왼쪽으로 90° 풀어준 후 소금을 넣은 불린 멥쌀을 투입하여 1차 빻기를 한다. 거칠게 나온 멥쌀가루에 물(때에 따라 발색제를 넣기도 함)을 넣고 고루 섞어준다. 간격 조절 레버를 시계 방향으로 완전히 조인다. 물을 섞은 멥쌀가루를 투입하여 2차 빻기를 한다.
- 떡제조기능사 실기시험용 쌀가루는 빻는 과정은 동일하지만 소금과 물을 넣지 않고 빻아서 제공하므로 소금 간과 물 주기를 꼭 해야 한다.

멥쌀가루 빻기

구분	롤밀기계의 간격 조절 레버	
시계 방향으로 조인 상태	↑	↑
시계 반대 방향으로 90° 풀어준 상태	←	←

부재료 준비

- **설기떡의 색깔과 맛을 내기 위한 발색제** 쌀가루에는 가루재료나 수분이 많은 재료를 넣어 색과 맛을 내는데 이러한 재료들을 넣을 때는 물 주는 양이 달라지니 주의한다. 가루재료(쑥가루, 말차가루, 코코아가루, 흑임자가루, 흑미가루, 적고구마가루 등)를 넣을 때는 물 주는 양을 늘리고, 수분이 많은 재료(치자물, 대추고, 찐 단호박, 과일시럽 등)를 넣을 때는 물 주는 양을 줄여야 한다.

- **설기떡에 맛과 질감을 주는 부재료** 가장 많이 쓰인 부재료는 밤, 대추, 잣 등이다. 이 밖에도 삶은 콩, 팥, 쑥, 호박 등 다양한 부재료를 넣는데 최근에는 초콜릿이나 치즈 같은 새로운 부재료들을 넣기도 한다. 풋콩은 생으로 넣어도 익지만, 마른 콩은 불리기만 해서는 익지 않을 수도 있기 때문에 삶아서 익힌 다음 넣는 것이 좋다.

(3) 시루에 안치기

물 내리기

떡을 안치기 전 쌀가루에 적정량의 물을 주고 비벼 섞은 후 체에 내려 수분이 고루 섞이게 하는 과정이다.

> **Tip** 떡을 대량 생산하는 곳에서는 설기떡 쌀가루를 만들 때 필요한 수분·발색제 등을 모두 넣고 빻아 따로 물 주는 작업 없이 바로 체에 내려 시루에 안치기도 한다.

부재료 넣기

- **멥쌀가루에 설탕 섞기** 설탕은 떡의 단맛뿐만 아니라 떡에 보수성을 주어 노화나 갈라짐을 더디게 해주는 효과도 있다. 설탕은 설기떡을 안치기 직전에 넣는 것이 좋다. 설탕을 먼저 넣으면 쌀가루의 수분에 의해 설탕이 녹아 몽글몽글해지기 때문에 매끄럽게 안치기가 어렵다.

- **멥쌀가루에 부재료 섞기** 설탕을 섞은 멥쌀가루에 준비된 부재료를 고루 섞는다. 마른 재료를 넣고 떡을 찌면 재료 주위에 안 익은 쌀가루가 남을 수 있으니 물에 적시거나 불려서 사용하는 것이 좋다.

시루에 안치기

- 시루에 시루밑을 깔고 쌀가루를 안친다. 스크레이퍼나 호떡누르개 등을 이용해서 가루를 누르지 않게 주의하며 고르게 안친다. 같은 배합으로 만든 떡이라도 누르면서 안치면 떡의 질감이 단단해지고, 수증기가 통과하기 어려워져서 설익을 수가 있다.

- 밤이나 대추 등의 부재료가 들어간 설기를 안 칠 때는, 부재료들이 골고루 들어가게 주의해야 한다. 부재료가 한쪽에 뭉치면 찌기 전에는 평평해 보이더라도 익고 나면 울퉁불퉁해지거나 갈라지기가 쉽다.
- **칼금 넣기** 부재료(밤·대추 등)가 들어가지 않은 설기떡은 찌기 전에 칼금을 넣으면 찐 후에 칼금을 넣은 대로 떨어져서 단면을 매끈하게 나눌 수 있다.

쌀가루 안치고 칼집 넣기

(4) 찌기 · 뜸들이기

물통(냄비)에 물을 2/3 정도 채워 물이 끓으면 떡을 안친 시루를 올린다. 쌀가루 위로 수증기가 올라오면 뚜껑을 덮고 20~25분간 찐다. 찌는 동안 불은 계속 세게 하고 물이 부족하지는 않은지 점검한다.

보일러를 이용하여 찔 때는 압력이 올라왔는지 확인한 후 떡을 안친 시루를 올리고 밸브를 열어 수증기를 올린다. 쌀가루 위로 수증기가 올라오면 면보자기를 덮고 보자기가 살짝 부풀어오르도록 밸브를 조작한다. 밸브를 많이 열어 수증기압이 세게 올라오면 떡이 들려 모양이 망가지므로 밸브는 조금씩 조작한다. 면보자기를 덮고 15~20분간 쪄준다.

Tip 끓는 물의 온도는 100℃이지만 보일러에 갇혀 있는 수증기는 120℃ 정도까지 가열되어 떡이 더 빨리 익는다. 일반 밥솥보다 압력밥솥에서 밥이 더 빨리 되는 원리와 같다.

(5) 소분하여 포장하기

소분하기
칼금을 넣은 떡이 식기 전에 서로 떼어내고, 칼금을 넣지 않은 설기는 한 김 나간 후 자른다.

포장하기
설기떡은 고물이 없어 표면이 빨리 마르기 때문에 한 김 나간 후 빨리 포장하는 것이 좋다.

2) 켜떡류 제조과정

켜떡은 쌀가루에 고물을 넣어 켜를 지어 찐 떡이다. 어떤 쌀가루를 사용했는지에 따라 찰떡(찹쌀)·메떡(멥쌀)·반찰떡(찹쌀+멥쌀)으로 나누어지며, 고물과 부재료에 따라 다양한 이름과 맛을 갖게 된다.

붉은팥시루떡

(1) 계획 수립과 재료 선정

켜떡은 멥쌀가루를 사용한 메떡, 찹쌀가루를 사용한 찰떡, 멥쌀가루와 찹쌀가루를 섞어서 사용한 반찰떡으로 나누어진다. 여기에 어떤 고물을 사용하느냐에 따라 각각 다른 이름이 붙는다. 찹쌀가루를 사용하고 붉은팥고물로 켜를 나누면 '붉은팥고물찰시루떡'이라 하고, 쌀가루에 부재료로 호박고지를 넣으면 '붉은팥고물호박고지찰시루떡'이나 '붉은팥호박고지찰떡'이라고 부른다.

Tip 녹두고물, 거피팥고물, 붉은팥고물 등은 습하고 더운 계절에 쉽게 상할 수 있으므로 볶아서 사용하거나 깨고물 등 잘 상하지 않는 고물을 사용하는 것이 좋다.

멥쌀의 양 정하기

설기떡 부분에서 설명한 '멥쌀의 양 정하기'를 참고한다.

찹쌀의 양 정하기

일반적으로 물에 불리기 전보다 무게가 1.4배 증가한다. 찹쌀 1kg을 불리면 약 1.4kg의 불린 찹쌀이 나온다. 찹쌀은 멥

1 주문·기호 등을 고려한 제품 선정

2 계획 수립 및 재료 선정

3 배합표 작성

4 재료 준비

계량하기
쌀 세척·불리기
쌀가루 만들기
고물 준비하기
부재료 준비

5 시루에 안치기

물 내리기
부재료 섞기
안치기(칼금 넣기)

6 찌기·뜸들이기

7 소분하여 포장하기

켜떡류의 제조공정

쌀보다 물을 많이 흡수하기 때문에 빻을 때 물을 넣지 않고 빻아야 한다. 부재료와 설탕을 제외하면 찹쌀 1kg으로 떡을 할 때 약 1.4kg 이상의 떡이 완성되는 것을 감안하여 양을 정해야 한다.

(2) 재료 준비

계량
배합표에 따라 사용할 재료를 계량한다.

세척 및 불리기
멥쌀 씻기, 멥쌀 불리기, 멥쌀 빻기는 설기떡류 제조과정을 참고한다.

찹쌀가루 빻기
- 불린 찹쌀을 소쿠리에 밭쳐 30분 정도 물기를 뺀다(물이 충분히 빠지지 않으면 쌀가루에 수분이 많아진다.).
- **롤밀기계(쌀 빻는 기계)를 사용한 쌀 빻기** 롤밀기계의 간격 조절 레버를 시계 방향으로 완전히 조인다. 불린 찹쌀과 소금을 투입하여 빻는다(찹쌀가루는 한 번만 빻기 때문에 소금이 고루 섞이지 않을 수 있으니 롤밀기계에 내린 후 고루 섞어준다).

부재료 준비
- **고물 준비하기** 붉은팥고물, 녹두·거피팥·동부 고물, 실깨고물 등을 부재료로 준비한다.
- **켜떡에 맛과 질감을 주는 부재료** 가장 많이 쓰인 부재료는 밤·대추·잣 등이다. 삶은 콩·팥·호박 등 다양한 부재료를 넣기도 하는데 최근에는 완제품으로 판매되는 완두배기·콩배기·초콜릿·치즈 등의 새로운 부재료들을 넣기도 한다.

붉은팥고물 만들기

① 붉은팥을 씻고 일는다.
② 냄비에 붉은팥을 넣고 물을 부어 삶는다(물이 붉은팥 위로 3cm 정도 올라오게 넣는다).
③ 물이 끓어오르면 물을 버리고 새로운 물을 넉넉히 넣고 50분 정도 삶는다.
④ 붉은팥이 익었으면(팥알을 건저 눌러보아 속까지 뭉그러지면 익은 것이고 딱딱한 덩어리가 있으면 더 삶음) 여분의 물을 따라내고 수분을 날리듯이 볶는다.

(계속)

⑤ 소금 간을 하고 절굿공이로 빻는다(수분이 많아 고물을 뿌리기 어렵다면 마른 팬에 볶아 사용한다).

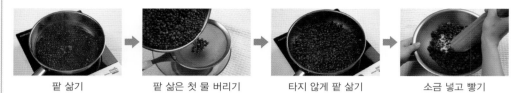

| 팥 삶기 | 팥 삶은 첫 물 버리기 | 타지 않게 팥 삶기 | 소금 넣고 빻기 |

녹두·거피팥·동부 고물 만들기

① 깐 팥을 물에 담가 3시간 이상 불린다.
② 불린 깐팥을 문질러 팥에 붙어 있는 껍질을 떼어낸다.
③ 물을 충분히 부어 껍질을 떠오르게 하여 껍질을 제거한 후 일는다.
④ 깐 팥을 체에 밭쳐 물기를 제거한 후 찜기에 40분가량 찐다.
⑤ 익은 깐팥을 꺼내어 소금 간을 하고 빻는다.
⑥ 빻은 팥을 어레미에 내려준다(수분이 많아 고물을 뿌리기 어렵다면 마른 팬에 볶아 사용한다).

Tip 녹두, 거피팥, 동부고물은 만드는 방법이 동일하며 이후 깐팥이라 표기

녹두 불리기   손으로 비벼 껍질 벗기기

면포 깔고 찌기   불린 물 다시 받아 제 물에서 껍질 벗기기

소금 넣고 빻기   체에 내리기

실깨고물 만들기

① 흰깨를 물에 씻고 일어 물에 담가 3시간 이상 불린다.
② 불린 흰깨를 건져 문질러 껍질을 벗긴다(푸드 프로세서를 사용하면 쉽게 할 수 있다).
③ 물을 충분히 부어 껍질을 떠오르게 하고 껍질을 제거한 후 체에 밭쳐 물을 뺀다.
④ 볶은 실깨에 소금 간을 하고 절구에 빻는다(맷돌믹서를 이용하면 쉽게 갈 수 있다).

흰깨 불리기   불린 흰깨 껍질 벗기기

깨 볶기   깨와 껍질 분리하기

노르스름하게 깨 볶기   분쇄기에 소금 넣고 갈기

(3) 시루에 안치기

물 내리기

멥쌀가루와 찹쌀가루의 물을 똑같이 주면 찹쌀떡은 질어져서 늘어지기 쉽다. 따라서 찹쌀가루는 멥쌀가루에 비해 물을 조금 덜 넣는 것이 좋다.

부재료 섞기

쌀가루에 설탕을 섞은 후 부재료를 넣는다.

시루에 안치기

- 시루에 시루밑을 깔고 고물을 뿌린 후 쌀가루를 안친다. 쌀가루를 안칠 때 스크레이퍼나 호떡누르개 등으로 고르게 펴고 고물을 뿌린다. 여러 켜를 안칠 때는 바닥에 고물을 뿌릴 때보다 켜가 나뉘는 부분에 고물을 조금 여유 있게 뿌린다. 이 위로 쌀가루와 고물을 번갈아가며 안치고 마지막은 고물로 마무리한다.
- 찹쌀만으로 켜떡을 만들 때는 수증기가 통과하기 어려워서 떡이 안 익을 수 있으므로 너무 여러 켜를 올리지 않도록 한다.
- 찰떡을 할 때는 밤, 대추 등의 부재료의 크기가 크면 떡의 두께보다 부재료가 커서 울퉁불퉁하게 튀어나올 수 있으므로 유의한다(찹쌀가루는 익었을 때 부피가 절반 정도 줄어들기 때문).

(4) 찌기 · 뜸들이기

'설기떡류 찌기'를 참고하여 찐다. 찹쌀가루는 멥쌀가루보다 익는 데 시간이 오래 걸리기 때문에 10분가량 더 쪄준다.

(5) 소분하여 포장하기

- **소분하기** 시루를 뒤집어 넓고 평평한 접시에 떡을 꺼내고 스크레이퍼를 이용하여 원하는 크기로 자른다.
- **포장하기** 켜떡은 고물에 수분이 많아지면 상하기가 쉽기 때문에 한 김 나간 후 식혀 포장하는 것이 좋다.

3) 빚어 찌는 떡류 제조과정

빚어 찌는 떡은 멥쌀가루를 익반죽한 후 빚거나 소를 넣고 모양을 빚어 시루에 찐 떡이다. 소를 넣어 만드는 떡으로는 송편이, 소 없이 만드는 떡으로는 개떡이 대표적이다. 멥쌀가루에 발색제를 넣어서 다양한 색과 맛, 영양을 보충할 수도 있다. 다양한 재료를 소로 사용하여 여러 가지 맛을 낼 수 있다.

(1) 계획 수립과 재료 선정

빚어 찌는 떡은 반죽하는 과정에서 다양한 재료를 넣고 자유롭게 만들 수 있다. 다양한 맛을 낼 수 있고, 빚어 만든 모양이 찐 후에도 유지되기 때문에 각양각색의 아름다운 떡을 만들 수 있다.

송편의 소는 콩이나 녹두고물·거피팥고물·깨고물 등을 주로 사용하지만, 옛 기록에는 육류나 시래기나물 등을 사용한 기록도 있어 다양한 재료를 사용해 볼 수 있다. 다만 소가 지나치게 달면 반죽과의 삼투압에 의해 송편이 빨리 굳고 터지기 쉬우므로 유의한다.

(2) 재료 준비

계량

배합표에 따라 사용할 재료를 계량한다.

세척 및 불리기

'설기떡류의 제조과정'을 참고한다.

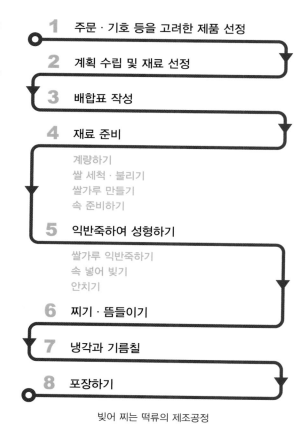

1 주문·기호 등을 고려한 제품 선정
2 계획 수립 및 재료 선정
3 배합표 작성
4 재료 준비
   계량하기
   쌀 세척·불리기
   쌀가루 만들기
   속 준비하기
5 익반죽하여 성형하기
   쌀가루 익반죽하기
   속 넣어 빚기
   안치기
6 찌기·뜸들이기
7 냉각과 기름칠
8 포장하기

빚어 찌는 떡류의 제조공정

멥쌀가루 빻기

- '설기떡류 제조과정'을 참고한다.
- 발색제가 삶은 쑥이나 삶은 모시잎 등 섬유질이 많고 질긴 재료의 경우 롤밀기계에 1회 더 내려주면 재료들이 더욱 잘 섞인다.

부재료 준비

빚어 찌는 떡류의 색깔과 맛을 내기 위해 발색제를 사용한다. 쌀가루에 가루재료나 수분이 많은 재료를 넣어 색과 맛을 내는데, 재료에 따라 익반죽 시 넣어주는 물의 양이 달라지니 주의한다. 가루재료(쑥가루, 말차가루, 코코아가루, 흑임자가루, 흑미가루, 적고구마가루 등)를 넣을 때는 물 주는 양을 늘리고, 수분이 많은 재료(치자물 대추고, 찐 단호박, 과일시럽 등)를 넣을 때는 물 주는 양을 줄여야 한다.

- **깨소 만들기** '켜떡류 제조과정'을 참고하여 실깨 고물을 만들고 설탕과 소금을 섞어준다. 꿀을 조금 넣어 뭉치게 반죽하면 소를 넣기가 쉬워진다.
- **콩소 만들기** 풋콩을 씻어 소금 간을 하거나, 말린 콩을 불려 삶고 소금 간을 한다.
- **팥소 만들기** 녹두고물이나 거피팥고물에 꿀을 넣고 반죽한다.

(3) 익반죽하여 성형하기

익반죽하기

멥쌀가루에 끓는 물을 넣어 반죽한다. 흰색 멥쌀가루나 쑥을 넣어 빻은 멥쌀가루를 사용할 때는 바로 끓는 물을 넣고 반죽한다. 가루나 액상의 발색제를 넣을 때는 끓는 물을 넣기 전에 발색제를 넣어 색을 낸 후 익반죽하는 것이 좋다.

익반죽은 끓는 물을 넣고 멥쌀가루의 일부를 익혀 반죽하는 것인데, 멥쌀가루가 익으면 점성이 생겨 더욱 찰지게 반죽되어 성형하기가 쉽기 때문에 익반죽을 하는 것이다. 일부 송편기계를 이용할 때는 찬물로 반죽을 하기도 하는데, 기계는 반죽이 찰지지 않아도 성형을 할 수 있기 때문에 날반죽을 하는 편이 반죽에 물을 더 많이 넣을 수 있어 노화가 지연되기 때문이다.

성형하기

송편 반죽을 일정하게 분할하여 오목하게 만들고 다양한 소를 넣고 오므려 원하는 모양으로 성형한다. 일반적으로 반달 모양으로 만드는데, 주먹으로 쥐어 손자국이 나게 만들기도 한다.

안치기

질시루에 송편을 찔 때는 서로 붙지 않도록 솔잎을 켜켜이 넣고 쪘으나, 근래에는 낮은 시루를 많이 사용하여 솔잎을 생략하는 경우가 많다. 솔잎 없이 찔 때는 서로 붙지 않게 떼어놓거나 기름을 바르고 찌기도 한다.

찌기

'설기떡류 제조과정'을 참고한다.

냉각과 기름칠

찬물에 참기름을 조금 넣고, 찐 송편을 쏟아 솔잎을 떼며 송편을 건진다. 찬물에 송편을 넣어 식히면 떡이 빨리 식고 솔잎을 떼어내기 쉽다는 장점이 있지만 송편이 오염되고 여분의 수분이 많아져서 빨리 상할 수 있기 때문에 찬물에 담그지 않고 참기름을 발라 식히기도 한다.

포장하기

송편이 뜨거울 때 포장을 하면 포장용기 안에 수분이 차서 변질되기가 쉽고, 모양이 망가지기 쉬우므로 송편이 식은 후 포장한다.

---

4) 약밥 제조과정

약밥(藥食·藥飯·蜜飯)은 삼국시대부터 내려오는 음식으로 오랜 역사만큼이나 다양한 조리법을 가지고 있다. 불려서 쪄낸 찹쌀에 꿀·간장·참기름으로 간을 하고 대추·밤·잣을 섞어 간이 배면 다시 쪄서 만든다. 양념한 찰밥을 오랜 시간 다시 찌거나 중탕하면 꿀이 자연히 캐러멜화되어 짙은색을 내는데 시대의 흐름에 따라 빠르고 쉽게 색을 내기 위해 캐러멜색소를 넣고 꿀 대신 황설탕이나 흑설탕을 사용하게 되었다. 근래에는 전기압력밥솥이나 오

약밥

븐 등을 이용한 다양한 제조법이 있으나, 본문에서는 일반적으로 떡 전문점에서 제조하는 방법을 기준으로 설명한다.

(1) 계획 수립과 재료 선정

- 완성된 약밥의 필요량과 포장방법 등을 고려하여 계획을 수립한다.
- 찹쌀을 수침하고 쪘을 때 늘어나는 양, 부재료의 껍질을 까거나 씨를 빼는 등의 손질을 했을 때 손실되는 양 등을 고려하여 재료의 분량을 조절한다.
- 소비자 혹은 주문자의 식성과 주문을 고려하여 부재료를 선정한다.
- 여러 요건을 고려하여 계획이 수립되면 배합표를 작성한다.

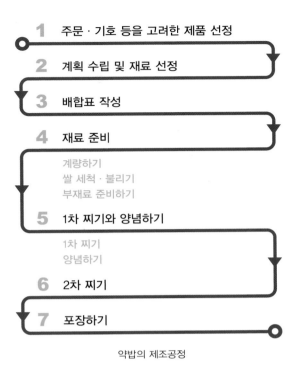

약밥의 제조공정

(2) 재료 준비

계량
배합표에 따라 사용할 재료를 계량한다.

세척 및 불리기
찹쌀을 깨끗이 씻는다. 약밥은 찹쌀을 가루 내지 않고 통으로 쪄서 만들기 때문에 다른 찰떡류보다 충분히 불린다.

부재료 준비
- 밤 껍질을 벗겨 원하는 모양과 크기로 자른다(편리함을 위해 통조림밤을 사용하거나 단맛과 색을 내기 위해 설탕과 치자물을 조려서 사용하기도 한다).
- 대추는 씨를 제거하고 원하는 모양과 크기로 자른다(말린 과일이기 때문에 물에 살짝 불리기도 하며, 밤과 마찬가지로 단맛을 위해 설탕에 조려 사용하기도 한다).
- 견과류의 먼지나 이물질을 깨끗이 제거한다.

- 캐러멜시럽을 만든다. 우선 설탕과 동량의 물을 냄비에 넣고 한참 끓이면 가장자리부터 갈색으로 타기 시작한다. 전체적으로 짙은 갈색이 되면 끓는 물과 물엿을 넣어 굳지 않도록 만들어 쓴다. 설탕을 높은 온도(170℃)까지 가열하면 캐러멜화되어 갈색으로 변하는데 이러한 현상을 '캐러멜반응'이라고 한다.
- 대추고를 만든다. 우선 대추에 물을 충분히 넣고 푹 삶아 살이 완전히 무르면 체에 내려 씨를 걸러내고 쓴다. 이렇게 하면 대추에 단맛과 향을 주며 색을 내는 데 도움이 된다.

(3) 1차 찌기와 양념하기 · 숙성하기

1차 찌기
- 불린 찹쌀을 소쿠리에 건져서 30분 정도 물기를 뺀다.
- 찹쌀을 찌면 부피가 2배 정도 늘어나는 것을 감안하여 넉넉한 크기의 찜기에 젖은 면포를 깔고 50~60분간 완전히 익을 때까지 찐다.

찐 찹쌀에 황설탕 섞기

양념하기
- 쪄낸 찹쌀에 황설탕을 넣고 밥알이 뭉그러지지 않도록 주의하며 섞는다. 뭉쳐 있는 밥알이 없도록 푼 후 참기름을 섞는다. 황설탕 대신 꿀이나 설탕을 넣기도 한다.
- 진간장과 대추고, 캐러멜시럽, 계핏가루를 넣어 양념한 후 마르지 않게 덮어 양념이 밥알에 배어들도록 2시간 이상 둔다.

양념한 찹쌀에 대추내림 넣기

(4) 2차 찌기
양념한 찰밥에 준비한 밤·대추 등을 섞어 찜기에 넣고 40분 정도 찐다. 꿀·참기름·계핏가루 등을 넣고 섞는다.

양념한 찹쌀 찌기

(5) 소분하여 포장하기
약밥이 완전히 식으면 담거나 성형하기가 어려우므로 뜨거운 김만 빠지면 그릇에 담거나 모양을 잡은 후 식혀서 포장한다.

계핏가루, 꿀, 참기름 넣기

5) 인절미 제조과정

인절미는 찹쌀을 불리고 쪄서 치고 잘라 고물을 묻힌 떡이다. 과거에는 통찹쌀을 쪄서 치는 것이 일반적이었으나 근래에는 찹쌀가루로 만드는 인절미가 대중화되었다.

(1) 계획 수립과 재료 선정

전통적인 인절미에는 부재료로 쑥과 대추 정도가 들어갔으나 점차 다양한 부재료를 사용하며 단자와의 경계도 거의 없어졌다. 인절미는 다양한 고물을 사용할 수 있는데 고물에 수분이 얼마나 있느냐에 따라 굳는 정도가 달라진다. 수분이 많은 거피팥고물 인절미는 콩고물 인절미보다 더디 굳어 고물에 따라 쌀가루의 수분량을 조절하면 시간이 지나도 동일한 질감의 인절미를 만들 수 있다.

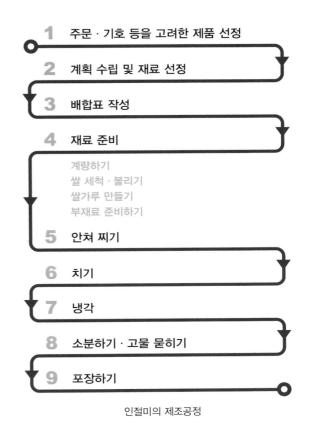

인절미의 제조공정

녹두고물이나 거피팥고물 등은 습하고 더운 계절에 쉽게 상할 수 있으므로 볶아서 사용하거나 콩고물이나 깨고물 등과 같이 잘 상하지 않는 고물을 사용하는 것이 좋다.

(2) 재료 준비

계량

배합표에 따라 사용할 재료를 계량한다.

세척 및 불리기

'켜떡류 제조과정'의 찹쌀 씻기, 찹쌀 불리기를 참고한다.

찹쌀가루 빻기

'켜떡류 제조과정'의 찹쌀가루 빻기를 참고한다.

부재료 준비

- **고물 준비하기** '켜떡류 제조과정'의 고물 준비하기를 참고한다.
- **콩고물 만들기** 콩을 깨끗이 손질하여 껍질이 갈라지고 고소한 냄새가 나도록 마른 팬에 볶는다. 볶은 콩을 완전히 식혀 미숫가루나 딱딱한 한약재 등을 빻는 곡류분쇄기(핀밀)에 빻는다. 콩고물은 소금을 넣어 만드는데 요즘에는 적은 양의 인공감미료, 생강가루, 마늘가루 등을 넣기도 한다.

(3) 시루에 안치기

물 내리기

떡을 안치기 전 쌀가루에 적정량의 물을 주고 비벼 섞은 후 체에 내려 수분이 고루 섞이게 하는 과정이다. 하지만 찹쌀가루는 체에 내려 쪘을 때 부분적으로 익지 않는 경우도 있으므로 물을 주고 손으로만 비벼 고루 섞어 찌기도 한다. 인절미에 물을 많이 넣을수록 떡이 잘 굳지 않지만 모양이 잡히지 않을 정도로 처질 수 있으므로 필요에 따라 조절하여야 한다.

부재료 섞기

- **쌀가루에 설탕 섞기** 설탕은 찹쌀가루에 섞어서 찔 수도 있고, 떡을 칠 때(펀칭) 넣을 수도 있다. 펀칭기를 쓰지 않고 손으로 쳐야 한다면 찹쌀가루에 섞어 찌는 것이 더 잘 섞인다.
- **찹쌀가루에 부재료 섞기** 설탕을 섞은 찹쌀가루에 다진 대추, 찐 단호박, 흑미가루 등을 넣어 다양한 색과 맛을 낼 수 있다.

시루에 안치기

- 시루에 젖은 면포를 깔고 익은 떡이 잘 떨어지도록 설탕을 고루 뿌린다.
- 찹쌀가루는 주먹 쥐어 덩어리지게 시루에 안친다.

(4) 찌기 · 뜸들이기

'설기떡류 제조하기'를 참고한다.

펀칭기로
치기

(5) 치기(펀칭하기)와 냉각하기

소금물(소금 1작은술+물 1컵)을 준비하여 스텐볼·절굿공이에 발라가면서 색이 뽀얗게 변하
고 매끄러워질 때까지 친다. 기름칠한 비닐에 인절미 덩어리를 가두고 모양을 잡아 식힌다.

(6) 소분하여 고물 묻히기

기름칠한 스크레이퍼로 인절미 덩어리를 원하는 크기로 잘라 고물을 묻힌다. 고물을 묻힌 후
에도 인절미가 쳐져 모양이 망가질 수 있으므로 인절미를 붙여서 담아 식힌다. 근래에는 쑥,
흑미, 단호박 등 다양한 재료를 넣어 인절미를 만들어서 고물을 묻히지 않기도 한다.

(7) 포장하기

인절미가 식은 후에 포장한다.

6) 가래떡류 제조과정

가래떡류는 멥쌀가루에 물을 주고 쪄서 친 후 길게 만든다. 이 떡을 굳혀서 자르면 떡국떡이
만들어지고, 굳기 전에 눈사람 모양(누에고치 모양)으로 만들면 조랭이떡, 물을 좀 더 넣고 다
양한 색을 주어 떡살로 찍어내면 절편이 완성된다. 제병기(압출성형기)를 사용할 때는 치는
과정을 기계의 스크류가 대신하고, 떡이 밀려 나오는 곳의 몰드를 통해 성형을 하여 단시간에
많은 양을 만들 수 있다.

(1) 계획 수립과 재료 선정

- 가래떡류는 물의 양에 따라 질감이 많이 달라지므로 떡국떡, 절편 등 종류에 맞게 물을 조절한다.
- **멥쌀의 양 정하기** '설기떡 제조과정'의 멥쌀의 양 정하기를 참고한다.

(2) 재료 준비

계량

배합표에 따라 사용할 재료를 계량한다.

세척 및 불리기

'설기떡 제조과정'의 멥쌀 씻기, 멥쌀 불리기를 참고한다.

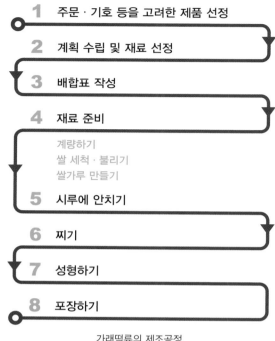

1	주문·기호 등을 고려한 제품 선정
2	계획 수립 및 재료 선정
3	배합표 작성
4	재료 준비
	계량하기 / 쌀 세척·불리기 / 쌀가루 만들기
5	시루에 안치기
6	찌기
7	성형하기
8	포장하기

가래떡류의 제조공정

멥쌀가루 빻기

- 불린 멥쌀을 소쿠리에 밭쳐 30분 정도 물기를 뺀다(물이 충분히 빠지지 않으면 쌀가루에 수분이 많아진다).
- **롤밀기계(쌀 빻는 기계)를 사용한 쌀 빻기** 가래떡류를 만들 때의 쌀가루 빻는 방법은 다른 떡을 만들 때의 쌀가루 빻는 방법과 순서가 다르다. 일반적으로는 먼저 간격 조절 레버를 풀어서 거칠게 빻은 후 물을 섞어 곱게 빻지만, 가래떡류는 수분이 두 배 이상 많아 물을 많이 넣으면 질어져서 뭉쳐지므로 롤밀기계에 잘 빨려 들어가지 않아 먼저 곱게 빻는다.
- 롤밀기계의 간격 조절 레버를 시계 방향으로 완전히 조이고 소금과 불린 멥쌀을 넣어서 1차 빻기를 한다. 빻은 멥쌀가루에 물을 넣어 고루 섞고 롤밀기계의 간격 조절 레버를 시계 반대 방향으로 90° 푼 후 2차 빻기를 한다.

(3) 시루에 안치기

시루에 시루밑을 깔고 멥쌀가루를 펴서 안친다.

(4) 찌기 · 뜸들이기

보일러의 압력이 올라왔는지 확인한 후, 떡을 안친 시루를 올리고 밸브를 열어 수증기를 올린다. 쌀가루 위로 수증기가 올라오면 면보자기를 덮고 보자기가 살짝 부풀어오르도록 밸브를 조작한다. 면보자기를 덮고 15~20분간 찐다.

(5) 성형하기

제병기(압출성형기)를 이용하여 성형한다.

> ① 떡이 나오는 배출구에 원하는 모양틀(가래떡·떡볶이떡·절편 등의 모양이 있음)을 끼워 조립하고 밑에는 떡을 받을 그릇을 준비한다.
> ② 제병기를 켜고 시루에서 떡 덩어리를 꺼내 스크루가 있는 입구로 넣는다.
> ③ 배출구로 나온 떡을 입구로 다시 올린다.
> ④ 제병기를 작동시켜 나오는 떡이 들러붙거나 찌그러지지 않도록 찬물에 받는다.
> ⑤ 물에 담겨 있는 떡을 건져서 자른다.
> ⑥ 떡국떡일 때는 굳혀서 자르고, 절편은 참기름을 바른다.

(6) 포장하기

떡국떡은 포장 안에 습기가 차지 않도록 제습제 등을 넣어 포장하고, 절편은 마르지 않도록 포장한다.

7) 찌는 찰떡류 제조과정

찌는 찰떡류란 찹쌀가루에 부재료를 섞어 한 덩어리로 쪄서 눌러 성형하거나 쪄낸 떡 덩어리를 뜯어 고물을 묻힌 후 다시 한 덩어리로 뭉쳐 만든다. 찌는 찰떡의 종류에는 쇠머리떡, 구름떡, 콩찰편, 영양편 등이 있다. 여기서는 쇠머리떡의 제조과정을 자세히 살펴본다.

쇠머리떡

(1) 계획 수립과 재료 선정

찹쌀가루에 삶은 서리태, 삶은 팥, 호박고지, 밤, 대추 등을 섞어 찐 후 눌러서 성형한다.

(2) 재료 준비

계량

배합표에 따라 사용할 재료를 계량한다.

세척 및 불리기 · 쌀가루 만들기

찹쌀 씻기, 찹쌀 불리기, 찹쌀 빻기는 '켜떡류 제조과정'을 참고한다.

부재료 준비

- **서리태** 씻어 일어서 불린 후 불린 서리태가 잠길 정도의 물을 붓고 10~15분간 삶아 익힌다.
- **붉은팥** 씻어 일어서 붉은팥이 잠길 정도의 물을 붓고 한소끔 끓인 뒤 새로운 물을 충분히 붓고 삶는다. 50분 정도 삶아 붉은팥이 무르게 삶아졌으면 건져낸다.
- **밤** 껍질을 벗기고 4~6등분으로 자르거나 5mm 두께로 편으로 썬다.
- **대추** 씨를 발라내고 3~4등분으로 자른다. 대추는 자른 후 물에 적셔서 사용하는 것이 좋다.
- **호박고지** 미지근한 물에 5~10분 정도 불려 2~3cm로 자른다.

(3) 시루에 안치기

물 내리기

떡을 안치기 전 쌀가루에 적정량의 물을 주고 비벼 섞은 후 체에 내려 수분이 고루 섞이게 하는 과정이다. 찹쌀가루는 체에 내릴 경우 입자가 미세해져 수증기가 잘 안 오를 수 있기 때문에 인절미, 쇠머리떡, 구름떡 등은 찹쌀가루에 물을 넣고 손으로 잘 비벼 섞기만 하는 경우도 많다.

<table>
<tr><td>1</td><td>주문 · 기호 등을 고려한 제품 선정</td></tr>
<tr><td>2</td><td>계획 수립 및 재료 선정</td></tr>
<tr><td>3</td><td>배합표 작성</td></tr>
<tr><td>4</td><td>재료 준비
계량하기
쌀 세척 · 불리기
쌀가루 만들기
고물 준비하기
부재료 준비</td></tr>
<tr><td>5</td><td>시루에 안치기
물 내리기
부재료 섞기
시루에 안치기</td></tr>
<tr><td>6</td><td>찌기</td></tr>
<tr><td>7</td><td>성형하기</td></tr>
<tr><td>8</td><td>소분하여 포장하기</td></tr>
</table>

찌는 찰떡류의 제조공정

부재료 섞기(찹쌀가루에 부재료와 설탕 섞기)

찹쌀가루에 준비된 부재료와 설탕을 고루 섞어준다.

시루에 안치기

- 시루에 시루밑이나 젖은 면포를 깔고 부재료가 섞인 찹쌀가루를 한 줌씩 쥐어 덩어리가 지게 시루에 안친다.
- 쇠머리떡의 부재료가 많아 보이게 하려면 찹쌀가루를 안치기 전 시루 바닥에 부재료 일부(서리태, 붉은팥, 밤, 대추, 호박고지)를 먼저 놓고 안친다.

(4) 찌기 · 뜸들이기

'시루떡류 제조과정'을 참고한다.

(5) 성형하기

기름칠한 비닐에 떡을 쏟아 비닐을 덮고 눌러서 모양을 잡는다. 찹쌀떡은 뜨거울 때 자르면 떡이 처져 모양이 망가지니 충분히 식혀 자른다.

(6) 소분하여 포장하기

찹쌀떡이기 때문에 식기 전에 자르면 반듯한 모양으로 포장하기가 쉽지 않다. 떡을 충분히 식히거나 급냉한 후 녹여 자르면 반듯하게 포장할 수 있다.

3 떡류의 포장 및 보관

1) 떡의 포장

(1) 포장의 정의 및 목적

식품위생법 제2조 제5항에 따르면 "용기·포장이란 식품 또는 식품첨가물을 넣거나 싸는 것으로 식품 또는 식품첨가물을 주고받을 때 함께 건네는 물품"을 말한다. 즉, 포장이란 제품의 유통과정에서 취급상의 위험과 외부 환경으로부터 제품의 가치 및 상태를 보호하고 다루기 쉽도록 적합한 재료 또는 용기에 넣는 것이다.

떡은 공기 중에 노출되면 수분 증발 등의 이유로 노화현상이 촉진되어 품질이 급속도로 나빠지므로 포장의 중요성이 강조된다. 포장 외부와 수분의 이동이 생기면 내부 식품에 물리적 변화가 생기고 향미가 변하며 곰팡이나 박테리아의 성장이 일어날 수 있다. 떡은 포장 전에 냉각이 필요한데 뜨거운 김이 나가기 전에 포장을 하면 수분 함량이 너무 많아 쉽게 상하거나 맺힌 수분이 떡에 스며들어 품질이 저하된다.

포장의 기능

- **식품의 유통** 식품을 담아 운반하고 소비되도록 하는 취급 수단이 된다. 유통 범위를 확대시키고 유통 중 손실을 최소화하며 제품의 운반, 판매, 소비에 편의성을 부여한다.
- **식품의 보호성 및 보존성** 식품을 생물학적 환경에서 보호하는 식품위생적인 보존과 외부로부터 보호하는 물리적인 보존, 외적 환경 요인에서 보호하는 품질 보존의 기능을 한다.
- **판매 촉진의 기능** 소비자가 진열대의 상품을 골라 구매하는 데 있어 포장의 판매 촉진기능이 중요시된다. 제품에 대한 표시방법과 포장 및 디자인은 제품의 상품성을 향상시킨다.

포장의 분류

- **낱개포장** 물품 개개의 포장이다. 물품의 상품가치를 높이거나 보호하기 위하여 적합한 재료 및 용기 등으로 물품을 포장하는 방법 및 포장한 상태를 말한다.
- **속포장** 포장된 제품 내부의 포장을 말한다. 물품에 대한 수분, 습기, 빛, 충격 등을 방지하기 위하여 적합한 재료 및 용기 등으로 제품을 포장하는 것이다.
- **겉포장** 제품 외부 포장을 말한다. 제품을 상자, 포대, 나무 및 금속 등의 용기에 넣거나 그대로 묶어서 포장하는 것이다.

더 알아보기 | 떡의 포장 |

● **기계 포장**
- 규격에 맞는 포장지를 포장기에 넣는다.
- 회전판의 위생상태를 확인한 후 기계를 작동시킨다.
- 포장이 완료된 제품의 포장지 열 접합 부위 상태를 점검한다.
- 식품표시사항을 부착한다.

● **수작업 포장**
- 성형 후 랩으로 싸거나 폴리프로필렌, 일회용 종이 접시 등을 이용하여 포장한다.
- 식품표시사항을 부착한다.

● **떡 포장 시 주의사항**
- 떡의 종류에 따라 포장방법과 포장재를 선택한다.
- 떡의 뜨거운 김이 빠져나간 후 포장한다.
- 수분 함량이 많으면 미생물에 의해 변질되기 쉽다.
- 실온에서 냉각할 때 비닐을 덮어 수분이 손실되지 않게 식힌다.

---

(2) 포장재

포장재의 기능

- **안전성(위생성)** 식품과 직접 접촉하여 식품 중에 들어 있는 수분, 염류, 유지 등에 의해 부식되거나 용기의 성분이 용출되어서는 안 된다. 납, 철, 비소 등의 중금속, 페놀, 포르말린 등 화학물질과의 반응이 전혀 일어나지 않아야 한다.

- **보호성** 내용물의 품질을 보존하는 것으로 품질의 저하를 방지하는 기능을 해야 한다. 기체의 차단성, 차광성, 내열성, 내한성, 내충격성, 내압성, 내진공성, 충진과 밀봉 특성 등의 물리적 구비 조건 이외에도 내산성(耐酸性), 내염성(耐鹽性), 내유성(耐油性), 내부식성(耐腐蝕性) 등의 화학적인 구비조건을 갖추어야 한다.

더 알아보기 | 합성수지제 |

● **폴리에틸렌(polyethylene, PE)**

에틸렌(ethylene)이나 아세틸렌(acethylene)으로부터 가열과 압력으로 중합하여 폴리에틸렌 수지를 만들어 가공한다. 기본중합체 중 에틸렌의 함유율이 50% 이상인 합성수지제를 말한다. 일반적으로 인성이 좋고 인장강도가 높으며 수분차단성이 좋다. 상대적으로 가격이 저렴하고 가공도 용이하다.

- 고밀도 폴리에틸렌(high density polyethylene, HDPE): 열안정성과 투과성이 떨어져 우유포장 등의 강직 포장 재료에 쓰인다.
- 저밀도 폴리에틸렌(low density polyethylene, LDPE): 유연성이 크고 값이 저렴하여 식품 겉포장재에 널리 이용된다.
- 선상 저밀도 폴리에틸렌(linear low density polyethylene, LLDPE): 인열강도에 있어 저밀도 폴리에틸렌의 약 2배로 필름의 원료로 사용하기에 좋다. 표면경도도 비교적 커서 광택이 좋다.
- 필름 형태로 많이 쓰이는 LDPE와 LLDPE는 내한성이 커서 냉동식품 포장에 많이 사용된다. 일회용 장갑, 일회용 봉지 마요네즈나 소스류의 연질성 용기 등에 쓰인다.

....

● **폴리프로필렌(polypropylene, PP)**

기본중합체 중 프로필렌의 함유율이 50% 이상인 합성수지제를 말한다. 다양한 식품을 포장할 수 있다.

- 위생적 안정성이 높고 기체 투과율이 낮은 편에 속한다.
- 상대적으로 가격이 저렴하며 냄비나 그릇 같은 두꺼운 형태에서도 투명성을 향상시킬 수 있다.
- 녹는점이 높아 가열되어 있거나 조리된 식품 포장에 사용되기도 한다.

....

● **폴리에스테르(polyester, polyethylene terephtalate, PET)**

기본중합체 중 테레프탈산 또는 테레프탈산메틸에스테르와 에틸렌글리콜의 중합물질 함유율이 50% 이상인 합성수지제를 말한다. 플라스틱 성형제로 독성, 무취, 투명성 등이 높게 평가되어 식품용기로 많이 쓰인다.

- **작업성** 식품가공과 유통에 있어서는 대량생산 및 수송에 대한 유통체계를 갖추고 있기 때문에 포장재료가 작업 중에 손상을 입거나 파괴되지 않을 정도로 강도, 유연성 등을 갖추어야 한다.
- **편의성** 소비자들이 포장 식품을 편리하게 이용하도록 하기 위하여 포장식품을 빨리 가열하거나 냉각할 수 있고, 개봉이 쉬우며 소비습관에 알맞은 편의성이 있어야 한다.
- **상품성** 구매의욕의 증진과 향상, 표식 등의 디자인을 통해 제품의 부가가치를 높일 수 있어야 한다.
- **경제성** 포장재료의 가격이 싸고 대량생산이 가능해야 한다.

포장재의 종류

포장재의 종류에는 금속, 유리, 종이 포장재 등이 있지만 떡류의 포장에서는 플라스틱 포장재인 폴리에틸렌(PE)을 많이 사용하고 있다. 폴리에틸렌은 수분 차단성이 좋으며 주로 소량생산 및 대량생산에서 속포장재로 쓰인다.

2) 포장용기 표시사항

(1) 식품 등의 표시·광고에 관한 법률

식품 등에 대하여 올바른 표시·광고를 하도록 하여 소비자의 알 권리를 보장하고 건전한 거래 질서를 확립함으로써 소비자 보호에 이바지함을 목적으로 한다.

(2) 식품 등의 표시사항

① 제품명
② 식품 유형
③ 영업소(장)의 명칭(상호) 및 소재지
④ 유통기한
⑤ 원재료명
⑥ 용기·포장 재질
⑦ 품목보고번호

실제 판매되는 떡 포장의 표시사항

(계속)

⑧ 성분명 및 함량(해당 경우에 한함)
⑨ 보관방법(해당 경우에 한함)
⑩ 주의사항
  – 부정·불량식품 신고 표시
  – 알레르기 유발물질(해당 경우에 한함)
  – 기타(해당 경우에 한함)
⑪ 조사처리식품(해당 경우에 한함)
⑫ 유전자변형식품(해당 경우에 한함)
⑬ 기타 표시사항
  – 한입 크기로 작은 용기에 담겨 있는 젤리제품(소위 미니컵젤리 제품)에 대하여는 잘못된 섭취에 따른
    질식을 방지하기 위한 경고문구를 표시하여야 한다.
  – 식품제조·가공업 영업자가 냉동식품인 빵류 및 떡류를 해동하여 유통하려는 경우에는 제조연월일,
    해동연월일, 냉동식품으로서의 유통기한 이내로 설정한 해동 후 유통기한, 해동한 제조업체의 명칭과
    소재지(냉동제품의 제조업체와 동일한 경우는 생략할 수 있다). 해동 후 보관방법 및 주의사항을 표
    시하여야 한다. 다만, 이 경우 스티커, 라벨(Label) 또는 꼬리표(Tag)를 사용할 수 있으나 떨어지지 아
    니하게 부착하여야 한다.
  – 식품제조·가공업 영업자가 냉동식품인 빵류 및 떡류를 해동하여 유통할 때는 "이 제품은 냉동식품을
    해동한 제품이니 재냉동시키지 마시길 바랍니다" 등의 표시를 하여야 한다.

식품, 식품첨가물 또는 축산물

① 제품명, 내용량 및 원재료명
② 영업소 명칭 및 소재지
③ 소비자 안전을 위한 주의사항
④ 제조연월일, 유통기한 또는 품질 유지기간
⑤ 그 밖에 소비자에게 해당식품, 식품첨가물 또는 축산물에 관한 정보를 제공하기 위하여 필요한 사항으
  로서 총리령으로 정하는 사항

〈총리령으로 정한 사항〉
• 식품 유형, 품목보고번호
• 용기·포장의 재질
• 보관방법 또는 취급방법
• 포장일자
• 성분명 및 함량
• 조사처리(照射處理) 표시
• 식육(食肉)의 종류, 부위명칭, 등급 및 도축장명

기구 또는 용기·포장

① 재질
② 영업소 명칭 및 소재지
③ 소비자안전을 위한 주의사항
④ 그 밖에 소비자에게 해당기구 또는 용기·포장에 관한 정보를 제공하기 위하여 필요한 사항으로서 총리
  령으로 정하는 사항

3) 냉장·냉동 등 보관방법

(1) 저온저장

저온저장의 효과
- 미생물 생육을 억제한다.
- 저온에서 효소활성이 낮아져 수확 후 호흡, 발아 등의 대사작용을 억제한다.
- 갈변, 지방의 산화, 영양 손실 등의 반응속도가 저하되어 식품의 품질 저하를 막는다.

저온저장의 종류
- **냉장법(cooling storage)** 빙결점[(-0.5~-2)~15℃] 이상의 온도에서 저장하는 것이다. 빙결점 은 식품을 냉각하면 식품 중의 물이 얼어 얼음 결정이 생기기 시작하는 온도를 뜻한다.
  - 식품의 변질을 일시적으로 방지하기 위하여 보통 0~10℃의 저온에 식품을 저장하며 대 체로 0~4℃에 저장한다.
  - 저온에서 미생물의 증식을 일시적으로 억제시켜 보관성을 지속시킨다.
  - 일반적으로 생선·육류·달걀은 1~3℃, 우유·수산·축산 가공품은 3~5℃, 과일 채소는 7~10℃에서 저장한다.
  - 냉장 온도에서는 전분의 노화가 빠르다.
- **냉동법(frozen storage)** 빙결점 이하의 온도에서 저장, -18℃를 동결온도로 권장한다.
  - 영하 18℃ 이하로 식품자체의 수분을 냉각시켜 저장하는 방법이다.
  - 맛, 색 영양가, 질감 등에서 보관이 효과적이라는 장점이 있다.
  - 지나치게 오랜 기간 보관하거나 저장실의 온도가 일정하지 않았을 때 생기는 재결정화, 표면의 얼음 승화로 인한 맛과 조직 손상 등의 단점이 있다.
  - 냉동보관 중에는 전분의 노화를 지연시킨다.

(2) 떡의 냉장·냉동 보관
- 떡은 냉장보관(0~10℃)하면 전분이 노화되어 품질이 떨어진다.
- 떡은 뜨거운 김이 나간 후 포장하여 냉동보관(-18℃ 이하)한다.
- 떡을 냉동하여 유통할 경우 냉장온도를 가능한 한 빠른 시간 내에 통과하여 냉동상태가 되는 것이 중요하기 때문에 터널식 냉동고에서 급속냉동하는 것이 바람직하다.

CHAPTER 4

위생·안전관리

1 위생 관리

위생관리란 음료수 처리, 쓰레기, 분뇨, 하수와 폐기물 처리, 공중위생, 접객업소와 공중이용시설 및 위생용품의 위생관리, 조리, 식품 및 식품첨가물과 이에 관련된 기구 용기 및 포장의 제조와 가공에 관한 위생 관련 업무를 뜻한다.

식품을 취급하는 사람은 개인위생에 주의를 기울여야 하며 설사, 구토 등의 위장증상과 화농성 질환 및 상처, 피부병, 황달, 기침, 오한, 발열 등의 증상이 있을 때는 업무를 중지한다. 또한 감염병 예방접종을 받아야 하고 작업 중 발생하는 건강 이상에 대하여 즉시 진료를 받고 주기적 위생교육을 받도록 하여야 한다.

위생관리의 필요성

- 식중독 발생에 의한 사고를 예방한다.
- 식품위생법에 따른 행정처분 등 위생관리의 편의를 제공한다.
- 안전하고 청결한 먹거리 확보로 상품의 가치를 상승시킨다.
- 고객만족으로 인한 브랜드이미지 개선 및 매출 증진을 유도한다.

---

1) 건강검진 및 위생교육

(1) 건강검진

조리에 종사하는 자는 연 1회 건강검진을 실시하며 검사결과서는 검진일로부터 1년간 유효하다. 음식을 통해 전염될 수 있는 감염형질환(장티푸스균, 이질균, 대장균, A형 간염)을 검사한다. 건강진단 결과 감염성 질환자는 식품을 취급할 수 없다(식품위생법 제40조). 또한 건강진단 결과, 타인에게 위해를 끼칠 우려가 있는 질병이 있다고 인정된 자, 건강진단을 받지 아니한 자는 영업에 종사하지 못한다. 하지만 완전 포장된 식품 또는 식품첨가물을 운반하거나 판매하는 데 종사하는 자는 건강진단 검사의무에서 제외된다.

(2) 개인 건강상태 점검
매일 영업시간 전, 모든 종사원의 건강상태를 체크하며 설사, 구토 등의 증세가 있으면 식품 취급을 금지한다. 식품위생법 제26조에서 조리에 참여하지 말아야 하는 경우를 살펴보면 복통, 구토, 황달 증상, 발진현상, 감기·기침 환자, 화농성 질환자, 건강상태가 좋지 않은 자는 감염성 질환이 의심되므로 음식물 취급작업에서 배제하도록 한다. 식품위생법 시행규칙 제50조에 의거 피부병과 화농성 질환을 가진 사람은 작업을 하면 안 된다.

(3) 위생교육
종사원을 대상으로 월 1회 이상 정기적인 위생교육을 실시하며, 영업자는 연 1회 의무교육을 실시한다. 식품접객업 영업장의 종업원은 매년 식품위생에 관한 교육을 받아야 한다(식품위생법 제41조).

---

2) 복장 및 용모

(1) 위생 복장
- 조리 시 항상 청결한 위생복을 착용하며, 최소한 두 벌을 보유하고 세척과 다림질을 하여 위생적으로 착용하도록 한다. 위생복은 밝은색, 긴 소매가 적합하다.
- 앞치마는 조리용, 서빙용, 청소용으로 구분하여 착용하며 색상을 달리하면 좋다. 화장실에 갈 때는 교차오염의 위험이 있으므로 앞치마를 착용하지 않는다.
- 안전화는 바닥이 미끄럽지 않은 방수 소재로 착용하며, 슬리퍼 착용은 금지한다.

(2) 두발 및 용모
위생모는 머리카락이 외부로 노출되지 않도록 착용하며, 긴 머리카락이 흘러내리지 않도록 머리망으로 감싸 단정하게 정리한다. 조리실(주방) 내에서 근무하는 모든 종업원은 위생모를 착용하며, 남자 종업원의 경우 수염이 보이지 않도록 깨끗하게 면도한다.

(3) 액세서리 및 화장

- 지나친 화장과 장신구 착용을 하지 않는다.
- 입과 턱수염을 감싸는 마스크는 코 부분부터 착용하여 이물의 혼입을 방지한다.
- 조리실(주방) 종사자는 시계, 반지, 목걸이, 귀걸이, 팔찌 등 장신구를 착용해서는 안 된다. 반지는 올바른 손 씻기를 방해한다.
- 손톱은 짧게 깎고 청결을 유지하며 인조손톱 부착을 금지한다.
- 손톱에 매니큐어나 광택제를 칠해서는 안 된다. 매니큐어의 화학성분이 음식물에 혼입될 수 있기 때문이다.
- 진한 화장, 향이 강한 향수 사용을 자제하고 인조 속눈썹 등의 사용을 금지한다.

(4) 장갑

일회용 장갑은 단 1회만 사용하며 같은 작업을 하더라도 4시간마다 교체하는 것이 좋다. 일회용 장갑을 착용하기 전에는 손 세척을 충분히 하고 장갑을 착용하는 것이 위생적이다. 일회용 장갑을 교체하지 않고 작업을 지속하다가 파손될 경우에는 교차오염을 일으킬 수 있다. 고무장갑은 작업에 맞는 색깔별로 구분 사용하여 교차오염을 방지한다.

(5) 복장의 보관

위생복과 평상복, 위생화와 실외화는 구분하여 보관한다. 함께 보관할 경우 교차오염을 일으킬 수 있으므로 구분하여 보관·관리해야 한다.

(6) 손

- **손 씻는 시설** 세면대를 구비하며 손 씻는 비누 또는 소독제, 손톱세척솔, 일회용 티슈 또는 건조기, 페달식 휴지통 등을 구비한다.

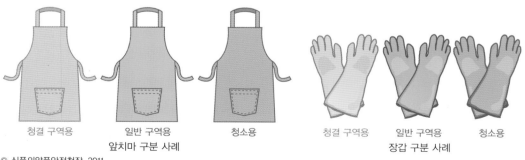

청결 구역용   일반 구역용   청소용
앞치마 구분 사례

청결 구역용   일반 구역용   청소용
장갑 구분 사례

© 식품의약품안전청장, 2011

더 알아보기 | 손에 상처가 났을 때 |

상처 부위에 감염된 세균이 음식물을 오염시킬 수 있으므로 음식물 취급을 금지한다. '응급 처치 및 소독 → 밴드 부착 → 골무 → 라텍스 장갑 착용' 순으로 대응한다.

- **손 씻는 시점** 작업장에 들어오기 전, 원재료를 다듬거나 세척 작업 후, 생고기·가금류·어패류·달걀을 만진 후, 청결하지 못한 물품·접시·기구 등을 다룬 후, 장갑 사용 전후, 화장실 이용 후, 코를 풀거나 재채기를 하고 난 후, 핸드폰을 사용한 후, 신체 부위(귀, 입, 코, 머리카락)를 만지고 난 후에는 반드시 손을 씻도록 한다.
- **손 씻는 방법** 역성비누를 이용하여 흐르는 물에 깨끗이 손을 씻는다. 역성비누는 손소독에 사용되며 일반 비누와 달리 살균효과는 좋지만 세척력은 약하다. 손소독 시 역성비누가 소독효과가 좋으나 이물질이 있으면 소독효과가 떨어지므로 반드시 세제로 세척 후 역성비누를 사용하는 것이 좋다. 일반 비누는 균을 살균하는 것이 아니라 씻어 흘려 없애는 것이고, 더러운 먼지 같은 것들을 제거하는 정도로 활용된다. 역성비누는 냄새를 없애주고 독성도 적으므로 식품 종사자의 소독방법으로 가장 적합하다. 손소독을 할 때는 70%의 에틸알코올을 희석하고 분무용기에 담아 뿌려서 사용한다.

1 손바닥

손바닥과 손바닥을 마주대고 문질러 주세요.

2 손등

손등과 손바닥을 마주대고 문질러 주세요.

3 손가락 사이

손바닥을 마주대고 손깍지를 끼고 문질러 주세요.

4 두 손 모아

손가락을 마주잡고 문질러 주세요.

5 엄지손가락

엄지손가락을 다른편 손바닥으로 돌려주면서 문질러 주세요.

6 손톱 밑

손가락을 반대편 손바닥에 놓고 문지르며 손톱 밑을 깨끗하게 하세요.

손 씻는 방법과 순서

3) 작업 시 위생적인 행동

(1) 화장실 이용 시
위생화를 벗고 외부용 신발을 이용한다. 화장실을 사용한 후에는 올바른 손 씻기를 준수한다. 식품을 취급하는 사람은 손으로 인해 여러 가지 질병, 감염병 등을 옮길 수 있으므로 안전한 식품 취급을 위해 손의 위생관리에 항상 신경 써야 한다.

(2) 조리 중 행동수칙
- 조리 중 흡연이나 껌 씹기, 음식물 섭취를 금한다. 담뱃재나 다른 음식물에 의해 조리하는 음식이 오염될 수 있기 때문이다.
- 싱크대에 서서 손을 씻을 경우, 손에 묻어 있던 오염물질이 싱크대에 남거나 물이 튀어 조리에 사용되는 식재료나 기구를 오염시킬 수 있다.
- 맛을 볼 때는 작은 용기에 덜어서 간을 본다. 국자나 수저로 간을 보고 그것을 다시 음식물에 담그면 타액에 의해 음식물이 오염될 수 있다.
- 조리 중 옆 사람과 잡담할 경우 타액이 튀어 음식물을 오염시킬 수 있으므로 불필요한 잡담을 금한다.

2 오염 및 변질의 원인

식품 변질에 영향을 주는 인자로는 영양소, 수분, 온도, pH, 산소 등이 있다. 변질의 대표적인 원인으로는 식품 자체의 효소작용으로 인한 변질, 미생물의 번식으로 인한 변질, 산화로 인한 비타민 파괴 및 지방 산패 등이 있다.

1) 미생물의 종류와 특성

미생물은 단세포 또는 균사 형태의 생물로, 육안으로 볼 수 없는 미세한 생물균을 말한다. 미생물은 크게 인간에게 미치는 영향에 따라 유용미생물과 유해미생물로 구분할 수 있다. 유용미생물은 김치, 장류, 양조 등 발효식품의 제조에 중요한 역할을 하는 발효미생물이다. 반면 유해미생물은 식품을 부패시키거나 식중독을 일으켜 인간에게 해를 끼치며 종류로는 세균, 효모, 곰팡이, 바이러스 등이 있다.

(1) 곰팡이

곰팡이(mold)는 균류 중 실 모양의 균사를 형성하는 미생물로, 식품의 제조와 변질에 관여한다. 곰팡이는 식품의 부패를 일으키지만 간장 제조나 여러 종류의 치즈, 숙성 등에 유용하게 쓰이기도 한다. 하지만 곰팡이독소(mycotoxin)를 생산하여 식중독을 일으킬 수 있으므로 주의가 필요하다.

(2) 효모

효모(yeast)는 곰팡이와 세균의 중간 크기로 형태는 구형, 타원형, 달걀형이 있다. 세균과 달리 출아법에 의해 번식하며 비운동성이다. 효모는 알코올 발효 등이 강한 종이 많아 주로 알코올 제조 및 제빵에 이용되며 세균이나 곰팡이에 비해 식중독에 대한 위험도가 낮은 편이다. 통성혐기성균으로 산소 유무와 상관없이 증식한다.

(3) 세균

세균(bacteria)은 엽록소가 없는 단세포생물로 토양, 물, 공기, 인체 등을 비롯하며 어디에나 존재한다. 형태에 따라 구균, 간균, 나선균으로 나뉘며 이분법으로 증식한다. 대부분의 병원미생물의 세균이므로 식품위생에서 가장 중요한 미생물이다. 특히 이분법으로 빠르게 증식하기 때문에 식중독 사고의 주요 원인이 된다. 생김새에 따라 구균, 간균, 나선균으로 나누어진다. 세균성 식중독, 경구감염병, 부패의 원인이기도 하다.

(4) 리케차

리케차는(rickettsia) 원형, 타원형의 형태를 가지며, 세균과 바이러스의 중간에 해당된다. 이분법으로 증식하며 살아있는 세포에만 증식한다. 발진티푸스, 양충병(쯔쯔가무시병), 큐열을 일으키는 병원성 미생물이다.

(5) 바이러스

바이러스는(virus) 미생물 중에서 가장 작은 것으로 살아있는 숙주 내에 기생하여 번식하는 절대기생성 세포 내 생물이다. 숙주세포 내에서 번식한 뒤 그 세포가 죽으면 새로운 세포로 이동하여 번식한다. 천연두, 인플루엔자, 일본뇌염, 광견병, 소아마비 등의 병원체이다. 세균여과기를 통과하는 여과성 미생물로 미생물 가운데 크기가 가장 작아서 일반 현미경으로는 확인할 수 없고, 전자현미경을 통해 확인이 가능하다.

2) 미생물의 생육조건

미생물의 생육에 필요한 인자는 영양소, 수분, 온도, 최적 pH, 산소이다. 이 중에서 영양소, 수분, 온도가 미생물 증식의 3대 조건이다.

(1) 영양소

미생물의 발육·증식에는 탄소원(당질), 질소원(아미노산, 무기질소), 무기염류, 생육소(발육소) 등의 영양소가 필요하다. 식품은 미생물이 필요로 하는 탄소, 질소, 비타민, 무기질 등의 영양소를 가진 좋은 영양배지이다.

(2) 수분

미생물 몸체의 주성분이며, 생리기능을 조절하는 데 필요하다. 미생물의 발육·증식에는 보통 40% 이상의 수분이 필요하며 최적의 수분활성치는 60~65%이다. 건조식품의 수분량은 15% 정도로 이 상태에서 일반 미생물은 발육·증식이 불가능하나 곰팡이는 유일하게 건조식품에서도 발육이 가능하다. 식품의 수분 중에서 미생물의 증식에 이용될 수 있는 상태인 수분의 양을 수분활성도(Aw)라고 한다. 수분활성도가 세균 0.95, 곰팡이 0.85, 곰팡이 0.8 이하일 때 미생물 증식이 저지된다.

생육에 필요한 수분 최저 수분활성도(Aw) 순서

(3) 온도

미생물은 종류에 따라 성장 가능한 온도가 다르다. 균의 종류에 따라 일정한 발육 가능 온도가 존재한다. 0℃ 이하와 80℃ 이상에서는 발육하지 못하고, 고온보다 저온에서의 저항력이 크다.

- **저온성균(식품에 부패를 일으키는 부패균)** 0~25℃(증식최적온도 10~20℃)
- **중온균(질병을 일으키는 병원균)** 15~55℃(증식최적온도 25~37℃)
- **고온균(온천물에 서식하는 온천균)** 40~70℃(증식최적온도 50~60℃)

(4) 최적 pH(수소이온농도)

일반적으로 세균은 중성, 알칼리성에서 잘 증식하고 pH 4.5 이하에서는 증식하지 못한다. 곰팡이와 효모는 최적 pH가 4.5~6.0으로 주로 산성에서 잘 자라고, 세균은 최적 pH가 6.5~7.5로 보통 중성 내지 약알칼리에서 잘 자란다. 산 함량이 높은 과일이나 채소의 경우, 세균보다는 곰팡이와 효모에 의해 부패되기 쉽고 pH가 중성인 육류와 수산물은 세균에 의해 부패되기 쉽다.

(5) 산소

미생물은 산소의 필요도에 따라 호기성세균과 혐기성세균으로 구분된다. 산소가 충분히 있어야 잘 자라는 호기성미생물과 산소가 없어야 잘 자라는 혐기성미생물이 있다.

호기성세균

산소가 존재하는 상태에서만 증식하며 생육에 산소를 필요로 하는 균이다. 곰팡이, 효모, 식초산균, 바실러스, 방선균, 마이크로코커스속 등이 해당된다. 편성호기성균은 산소가 충분히 있어야 잘 자라며, 곰팡이와 산막효모가 이에 해당된다. 살모넬라나 포도상구균은 산소가 있어야 잘 성장하는데 혐기적으로도 성장가능한 미생물로 통성호기성균이다.

혐기성세균

산소가 있으면 생육에 지장을 받고 없어야 증식하는 균이다. 생육에 산소를 필요로 하지 않으며 통성혐기성세균(산소가 있어도 이용하지 않으며, 산소가 있거나 없거나 상관없이 발육하는 균)과 편성혐기성세균(산소를 절대적으로 기피하는 균)으로 나누어진다. 통성혐기성세균으로는 젖산균, 효모가 있으며, 편성혐기성세균으로는 보툴리누스균과 웰치균이 있다.

(6) 삼투압

세균의 증식은 식염, 설탕에 의한 삼투압의 영향을 받는다. 일반 세균은 3% 식염에서 증식이 억제되나 호염세균은 3% 식염에서 증식한다.

---

3) 식품의 변질

미생물의 번식으로 인한 부패, 산화로 인한 지방의 산패 및 비타민 파괴, 식품 자체의 효소작용, 물리적 작용에 의한 변화가 식품 변질의 원인이 된다.

식품 변질의 종류

구분	내용
부패	• 단백질 식품이 혐기성 세균에 의해 분해되어 악취와 유해물질을 생성하는 현상 • 미생물의 분해작용에 의해 아민이나 황화수소 등의 유독성 물질을 생성하여, 악취를 내거나 인체에 유해한 물질을 생성하여 먹을 수 없게 되는 현상
후란	단백질 식품이 호기성 세균에 의해 분해되는 현상으로 악취가 없음
변패	질소를 함유하지 않은 탄수화물이나 지방식품이 미생물의 분해작용에 의해 산미를 내며 변질되는 현상
산패	지방이 공기, 빛 등에 의해 분해되어 냄새와 맛이 변질되는 현상으로 산소, 빛, 열은 산패를 촉진시키는 요인임. 차갑고 어두운 곳에 보관
발효	탄수화물이 미생물이나 효소의 작용에 의해 분해되어 유기산, 알코올탄산가스 등을 유용한 물질을 생성하는 현상. 우리 몸에 유익한 균을 생성시키며 간장, 된장, 고추장 및 빵 등이 발효현상을 이용한 제품

3 살균 및 소독의 종류와 방법

1) 소독, 멸균 및 방부의 정의

(1) 소독

물리적·화학적 자극을 주어 단시간 내에 사멸시키는 것으로 미생물을 죽이거나 병원성을 약화시켜 감염 및 증식력을 없애는 조작이다. 소독제의 구비 조건은 다음과 같다.

- 살균력이 있어야 한다.
- 냄새가 나지 않아야 한다.
- 침투력이 크며 사용법이 간단해야 한다.
- 경제적이며 안정성이 있어야 한다.

(2) 살균

살균력을 작용시켜 병원균, 비병원균, 아포 등 모든 미생물을 완전히 사멸시키는 방법으로 가장 강력하다. 다시 말해, 미생물에 물리적·화학적 자극을 주어 이를 단시간 내에 사멸시키는 것이다.

(3) 방부

미생물의 발육을 저지 또는 정지시켜 부패나 발효를 방지하는 방법이다.

Tip 균에 대한 작용의 강도는 살균 → 소독 → 방부의 순이다.

더 알아보기 │ 식품의 위생적 취급기준 │

- 식자재는 반드시 재고 수량을 파악한 후 적정량을 구입한다.
- 보존한 식품은 선입선출방식으로 사용한다.
- 식품 조리 시 물은 주기적으로 점검 및 관리한다.
- 냉장식품의 비냉장상태, 냉동식품의 해동 흔적, 통조림의 찌그러짐 및 팽창이 나타나서는 안 된다.
- 판매 유효기간이 지난 상품은 반드시 버리고 판매 유효기간 내에 있더라도 신선도가 떨어지는 것은 세균 증식이 진행되었을 수 있으므로 폐기한다.

● **식자재 입고 시**

- 입고 시 식자재의 품질, 선도, 위생상태, 수량을 확인한 후 품질기준에 적합한 식자재를 보관 창고로 이동시킨다.
- 운반차량의 내부온도가 규정온도를 유지하였는지 확인한다(냉장차량 0~10℃, 냉동차량 영하 18℃ 이하).
- 검수 시 검수품의 품질 변화를 방지하기 위해 냉장식품 → 냉동식품 → 채소류 → 공산품 순으로 검수한다.
- 육류, 어류, 알류 등의 식품은 냉장 및 냉동상태로 운송되었는지 확인한다.
- 입고 시 제거한 외부 포장지 라벨은 해당 식자재를 모두 사용할 때까지 별도로 보관하여 내용물과 표시사항이 일치하는지 추적 가능하게 한다.
- 유통기한, 제조일자 등을 확인하고 제조처나 원산지 표시가 없는 품목은 반품 처리한다.

● **식자재 보관 시**

- 모든 원부재료, 포장재, 제품에는 명문화된 라벨링이 있으며, 보관된 실물과 실제로 일치되어야 한다.
- 유통기한이 초과된 원료 또는 제품은 보관하지 않는다.
- 식자재 적재 시 벽과 바닥으로부터 일정 간격 이상을 유지한다.
- 원료, 자재, 완제품 및 시험시료는 구분하여 보관하며, 제시된 조건(장소, 온도, 식별표시)으로 관리한다.

2) 살균 및 소독 방법

(1) 물리적 방법
물리적 방법은 크게 무가열에 의한 방법과 가열에 의한 방법으로 나누어진다.

무가열에 의한 방법
- **자외선 조사, 일광소독(실외 소독)**
- **자외선 소독(실내 소독)** 파장의 범위가 2,500~2,800Å일 때 소독력이 가장 강하다.
- **방사선 조사** 식품에 방사선을 방출하는 Co^{60} 등의 물질을 조사시켜 균을 죽이거나 식물의 발아점을 조사해 발아를 억제하는 방법이다.
- **(세균)여과법** 음료수나 액체식품 등을 여과기에 걸러서 균을 제거시키는 방법으로 바이러스는 너무 작아서 걸러지지 않는다는 단점이 있다.

가열에 의한 방법
- **화염멸균법** 금속류, 유리병, 백금, 도자기류 등의 소독. 불꽃 속에 20초 이상 가열하여 살균하는 방법이다.
- **건열멸균법** 유리실험기구, 주사바늘 등을 건열 멸균기에 넣고 150~160℃에서 30분간 가열하여 살균하는 방법이다.
- **유통증기소독법** 도자기, 식기, 타월 등 100℃의 증기 속에서 30~60분간 살균하는 방법이다.
- **간헐멸균법** 100℃ 증기 중에서 24시간마다 15~20분씩 3회 가열하여 살균하는 방법으로 아포를 형성하는 균(내열성)을 죽일 수 있다.
- **고압증기멸균법** 통조림 살균에 이용되며 아포까지 죽일 수 있는 완전멸균법이다.
- **자비소독(열탕소독)** 끓는 물(100℃)에서 30분간 가열하는 방법이다. 식기, 행주 소독 등에 사용되며 아포는 사멸할 수 없으므로 완전멸균을 기대할 수는 없다.
- **저온살균법** 우유와 같은 액체식품 소독에 사용되며 61~65℃에서 30분간 가열하는 방법이다.
- **고온단시간살균법** 우유의 경우 70~75℃에서 15~20초간 가열하는 방법이다.
- **초고온순간살균법** 우유의 경우 130~140℃에서 2초간 가열하는 방법으로, 영양소 파괴가 적고 완전멸균이 가능하여 가장 많이 사용된다.

(2) 화학적 방법

- **염소, 차아염소산나트륨** 채소, 식기, 과일 소독에 사용되며 특히 음료수 소독에 일반적으로 사용된다. 수돗물의 잔류염소는 0.2ppm, 채소·식기·과일 소독 시 농도는 50~100ppm이다.
- **표백분(클로르칼키, 클로르석회)** 우물, 수영장 등의 소규모 시설 소독에 사용되며 채소나 식기를 소독할 때도 쓴다.
- **역성비누(양성비누)** 과일, 채소, 식기 소독에 사용되며 대표적으로 손소독에 사용된다. 원액(10%)을 200~400배 희석하여 0.01~0.1%로, 손소독은 10% 희석액을 사용한다. 역성비누는 보통 비누와 동시에 사용하거나 유기물이 존재하면 살균효과가 떨어지므로 세제로 씻은 후 사용하는 것이 효과가 더 크다.
- **석탄산(페놀)** 변소, 하수도, 진개 등의 오물 소독에 사용되며 3% 수용액으로 사용한다. 온도 상승에 따라 살균력도 비례하여 증가하며 유기물의 존재에도 살균력이 안정하므로 석탄계수가 각종 소독약의 소독력을 나타내는 기준으로 사용된다. 냄새와 독성이 강하며 피부 점막에 강한 자극을 주고 금속부식성이 있으므로 비금속기구에 사용한다.
- **크레졸 비누액(3%)** 변소, 하수도, 진개 등의 오물소독에 사용되며 피부 자극이 적어 손소독 등에도 사용되고 석탄계수가 2로 석탄산에 비해 소독력이 2배 더 강하다.
- **과산화수소(3%)** 피부·상처 소독에 사용된다.
- **포름알데히드(기체)** 병원, 도서관, 거실 등의 소독에 사용된다.
- **포르말린** 포름알데히드를 물에 녹여 수용액으로 만든 것으로 변소, 하수도, 진개 등의 소독에 사용된다.
- **승홍($HgCl_2$, 0.1%)** 맹독성으로 피부 소독에는 0.1% 수용액이 사용된다. 자극적이고 금속부식성이 강하다.
- **생석회** 변소, 하수도, 진개 등의 오물 소독에 우선적으로 사용할 수 있다.
- **에틸알코올(70%)** 금속기구, 초자기구, 피부 소독에 사용된다.
- **에틸렌옥사이드** 기체성분으로 식품, 의약품 소독에 사용된다.
- **중성세제** 0.1~0.2%로 희석해서 주방기물의 세척에 사용된다. 세척력은 강하나 살균력은 약하다.

더 알아보기 | 소독약의 구비 조건 |

- 강한 살균력과 함께 침투력이 강해야 하며 안전성이 있어야 한다.
- 경제적이며 사용법이 간단해야 한다.
- 금속부식성, 표백성이 없고 용해성이 높아야 한다.

4 감염병 및 식중독의 원인과 예방대책

1) 감염병

(1) 감염병의 개요

감염병은 '미생물에 의해 전파되는 전염 가능한 질병'이라고 정의할 수 있다. 특정 병원체나 병원체의 독성물질로 인하여 발생하며, 감염체로부터 감수성이 있는 숙주에게 감염된다. 감염병 발생의 3대 요소는 감염원(병원체, 병원소), 감염경로(전파방법, 환경요소), 숙주의 감수성(개인 면역에 대한 저항성)이다. 감염병은 사람 간 접촉, 오염된 식수나 식품, 곤충이나 동물 매개체를 통해 사람에게 전파되기도 한다.

(2) 감염병의 종류

법정 감염병

질환별 특성(물/식품 매개, 예방접종 등)에 따른 군(群)별 분류에서 심각도, 전파력, 격리수준을 고려한 급(級)별 분류로 개편되었다(2020. 1. 1).

- **제1급 감염병**
  - 정의: 생물테러 감염병 또는 치명률이 높거나 집단 발생 우려가 커서 발생 또는 유행 즉시 신고하고 음압격리가 필요한 감염병이다(17종).
  - 특징: 마시는 물 또는 식품을 매개로 발생한다. 집단 발생의 우려가 커서 발생 또는 유행 즉시 방역대책을 수립해야 한다. 감염속도가 빠르고 위해를 끼치는 정도가 크며, 발생 즉

감염병 발생의 3대 요소

요소	내용
감염원 (병원체를 내포하는 모든 것)	• 병원체: 병의 원인이 되는 미생물로 세균, 바이러스 등이 있다. • 병원소: 병원체가 증식하고 생존하며 질병이 전파될 수 있는 상태로 저장되는 장소{인간(환자, 보균자), 동물, 토양 등}이다. **Tip** 보균자란, 병의 증상은 나타나지 않지만 몸 안에 병원균을 가지고 있어 평상시 또는 때때로 병원체를 배출하고 있는 사람을 말한다.
감염경로	병원체 전파수단이 되는 것이다.
숙주의 감수성	숙주에게 병원체가 침입하여 질병이 발생하는 경우 감수성이 있다고 한다.

시 환자를 격리해야 한다.
- 종류: 에볼라 바이러스병, 두창, 페스트, 탄저, 야토병, 중증급성호흡기증후군(SARS), 중동호흡기증후군(MERS), 신종 코로나19 포함, 신종감염병 증후군이 있다.

- **제2급 감염병**
  - 정의: 전파 가능성을 고려하여 발생 또는 유행 시 24시간 이내에 신고하고 격리가 필요한 감염병이다(20종).
  - 특징: 예방접종을 통해 예방과 관리가 가능하며, 국가 예방접종사업이다.
  - 종류: 결핵, 수두, 홍역, 콜레라, 장티푸스, 파라티푸스, 세균성이질, A형 간염 등이 있다.

- **제3급 감염병**
  - 정의: 발생 또는 유행 시 24시간 이내에 신고하고 발생을 계속 감시할 필요가 있는 감염병이다.
  - 특징: 간헐적으로 유행할 가능성이 있어 계속 발생을 감시하고 방역대책 수립이 필요하다.
  - 종류: 파상풍, B형 간염, 일본뇌염, 발진티푸스, 발진열, 말라리아 등이 있다.

- **제4급 감염병**
  - 정의: 제1급~제3급 감염병 외에 유행 여부를 조사하기 위해 표본감시활동이 필요한 감염병이다(23종).
  - 특징: 국내에서 새롭게 발생하였거나 발생할 우려가 있고, 국내 유입이 우려되는 유행 감염병이다.
  - 종류: 인플루엔자, 매독, 회충증, 편충증, 요충증, 수족구병이 있다.

경구감염병(소화기계감염병)
오염된 식품, 손, 물, 곤충, 식기류 등에 의해 병원체가 입을 통하여 감염을 일으키는 소화기계통의 감염병이다. 적은 양으로도 잘 감염되며, 2차 감염이 되는 경우가 많다. 경구감염병은 크게 세균성 경구감염병과 바이러스성 경구감염병으로 구분된다.

- **세균성 경구감염병**
  - 장티푸스: 파리가 매개체인 우리나라에서 가장 많이 발생하는 급성 감염병이다. 잠복기가 길며 40℃ 이상의 고열이 2주간 계속된다.
  - 세균성이질: 비위생적인 시설에서 많이 발생하며, 기후와 밀접한 관계가 있다. 환자·보균자와의 직접 접촉에 의한 것이 많다.
  - 파라티푸스: 증상이 장티푸스와 비슷하다.
  - 콜레라: 잠복기가 가장 짧다.
- **바이러스성 경구감염병** 소아마비(급성회백수염 또는 폴리오), 유행성 감염, 천열, 감염성설사

인수공통 감염병

인간과 척추동물 사이에 자연적으로 전파되는 질병이다. 인간과 동물이 동일한 병원체에 의해서 발생되는 질병이나 감염 상태이다.

- **탄저병**
  - 동물 간에는 오염된 풀과 사료에 의해 경구감염된다.
  - 소, 말, 산양 등의 가축에게서 나타난다.
  - 사람의 경우 감염 부위에 따라 피부, 폐, 폐탄저가 된다.
  - 기도를 통해 감염되는 폐탄저는 급성폐렴을 일으켜 패혈증이 된다.
- **브루셀라증(파상열)**
  - 감염된 동물들과 직·간접적으로 접촉 시 발생되며, 동물에게 감염되면 유산을 일으킨다.
  - 동물의 육과 젖을 매개로 경구감염되며, 사람에게 침입하면 고열이 나는데 발열현상이 간격을 두고 나타나기 때문에 '파상열'이라고 한다.
  - 저온살균되지 않은 우유 또는 유제품을 섭취하였을 때 발생하는 경우가 대부분이다.
- **야토병**
  - 페스트와 비슷한 증상이 나타난다.
  - 산토끼나 설치류 사이에 유행한다.
  - 오한과 발열 등 열성증상을 일으킨다.

- **결핵**
  - 병에 걸린 소의 유즙이나 유제품을 거쳐 사람에게 경구감염된다.
  - 정기적인 투베르클린 반응검사를 실시하여 감염 여부를 확인한다.
  - 사람이 음성인 경우에는 BCG 접종을 한다.
- **Q열**
  - Query fever(알수 없는 열)에서 명명되었다.
  - 쥐, 소, 양, 염소 등 병원균이 존재하는 동물의 배설물에 접촉하면 감염된다.
  - 발열과 함께 호흡기증상이 나타난다.
- **돈단독**
  - 돼지, 소, 말, 양, 닭 등의 가축의 장기나 고기를 다룰 때 피부의 창상으로 균이 침입하거나 경구감염된다.
  - 보통 증상이 가볍지만 급성 패혈증을 일으키는 경우가 있다.

2) 기생충과 위생동물

인체에 기생하는 기생충은 주로 식품을 매개체로 하여 경구감염시키며 소화기계를 비롯한 여러 기관에 기생한다.

(1) 형태에 따른 기생충의 종류
- **선충류** 회충, 요충, 편충, 구충(십이지장충), 동양모양선충, 말레이사상충, 아니사키스충
- **조충(촌충)류** 무구조충(민촌충), 유구조충(갈고리촌충), 광절열두조충(긴촌충), 만소니열두조충
- **흡충류** 간흡충, 폐흡충, 횡천흡충(요꼬가와흡충), 이형흡충
- **원충류** 말라리아원충, 이질아메바원충

(2) 숙주에 따른 기생충의 종류
숙주에 따른 기생충은 크게 채소류에서 감염되는 기생충과 어패류로부터 감염되는 기생충으로 나누어진다.

채소류에서 감염되는 기생충(중간숙주 없이 채소류가 매개체)

- **회충** 우리나라의 대표적인 기생충이며 감염률이 가장 높다. 분변을 이용하여 채소를 재배하면서 발생하며, 채소를 통하여 경구감염된다. 소장에 기생하며 감염 후 산란까지 약 60 ~75일 정도 소요된다. 충란은 열 또는 일광에 약하다. 채소를 흐르는 물에 씻어 사용하는 경우에는 거의 제거되며 차아염소산나트륨용액(200~300배 희석액)에 담갔다가 흐르는 물에 세척하면 예방할 수 있다.

- **요충** 소장 하부에 기생하며 야간에 항문 주위나 회음부로 이동하여 산란한 후 다시 장으로 들어가고 기생, 침구, 의자, 욕조를 통해 경구감염된다. 항문 부위에 산란하므로 항문 주위에 가려움증이 발생하며, 특히 어린이들에게 집단감염을 일으키는 경우가 많아 집단적 구충을 실시해야 한다. 예방법은 손의 청결 유지와 철저한 소독, 잦은 침구류와 의류의 교환 및 세탁, 구성원 모두가 한꺼번에 구충제를 복용하는 것이다.

- **편충** 회충과 감염경로가 같은 맹장에 기생하는 채찍 모양의 선충으로, 세계 각처에서 발견되며 발현률이 높다. 예방을 위해서는 인분을 위생적으로 처리하고 손을 자주 씻어 청결하게 하고 채소를 깨끗이 씻어 먹는다.

- **구충** 십이지장에서 처음 발견되어 '십이지장충'이라고 불리나, 소장의 상부인 공장에 기생한다. 세계적으로 널리 분포되어 있으며, 분변을 통해 오염된 토양이나 하수로부터 경피·경구 감염된다. 경구감염되는 경우 외에도 유충이 피부를 뚫고 들어가 경피감염되는 경우가 많다. 예방을 위해서는 분변의 사용을 금지하고, 가열조리와 세척 등 위생관리를 철저히 하고 구충제를 복용한다.

- **동양모양선충** 채소를 통해 경피감염되며, 내염성이 강하므로 절인 채소나 김치를 통해 감염될 수 있다. 예방을 위해서는 분변의 사용을 금지하고, 가열조리와 세척 등 위생관리를 철저히 한다.

> - 경피감염을 일으키는 기생충: 구충(십이지장충), 말라리아 원충
> - 사람이 중간숙주의 역할을 하는 기생충: 말라리아 원충

어패류로부터 감염되는 기생충(중간숙주 2개)

- **간흡충(간디스토마)** 담관에 주로 서식하며 간암의 일종인 담관암을 유발한다. 민물고기를 생식하는 강 유역 주민들이 많이 감염된다. 제1중간숙주는 쇠우렁(왜우렁), 제2중간숙주는 잉어, 붕어 등의 담수어이다. 최종적으로 사람에게 감염된다. 예방법은 담수어의 생식 금지, 충분한 가열조리, 왜우렁이 제거이다.

- **폐흡충(폐디스토마)** 피낭유충에 감염된 산간 계곡의 가재, 게 등을 생식하는 산간지역 주민들이 많이 감염되며 충란은 객담과 함께 배출된다. 제1중간숙주는 다슬기, 제2중간숙주는 민물가재, 민물게이다. 예방법은 갑각류 생식 금지, 충분한 가열조리, 조리에 사용되는 조리기와 손이 청결 및 소독이다.
- **광절열두(裂頭)조충(긴촌충)** 수천 개의 마디로 이루어져 있다. 제1중간숙주는 물벼룩, 제2중간숙주는 연어나 송어 등의 담수어이다.
- **요꼬가와 흡충(횡천흡충)** 제1중간숙주는 다슬기, 제2중간숙주는 은어, 잉어, 붕어 등의 담수어이다.
- **아니사키스충** 충란이 고래의 분변과 함께 배출되어 '고래회충'이라고도 불린다. 제1중간숙주는 바다에 서식하는 갑각류이고 제2중간숙주는 고래, 고등어, 오징어, 대구 등이며 최종적으로 사람에게 감염된다. 예방을 위해서는 생선회를 날로 먹지 않거나 냉동시켜 기생충을 사멸시킨 다음 섭취한다.

육류에서 감염되는 기생충(중간숙주 1개)
- **무구(無鉤)조충(민촌충)** 무구조충은 전 세계적으로 많이 분포되어 있으며 우리나라에서도 흔히 볼 수 있는 조충이다. '쇠고기회충', '민촌충'이라고도 한다. 경구감염되며 분변과 함께 배출된 충란이 체절 → 소 → 사람에게 감염된다. 소가 중간숙주이다. 예방법은 소의 사료나 목초 등이 분뇨에 오염되지 않도록 관리하고, 소고기의 생식을 피하며, 충분히 가열하여 섭취하는 것이다.
- **유구(有鉤)조충(갈고리촌충)** 유구조충은 돼지고기로부터 감염되어 '돼지고기촌충'이라고도 부른다. 두부에 갈고리가 달려 있어 '갈고리촌충'이라고도 한다. 경구감염되며 분변과 함께 배출된 충란이 체절 → 돼지 → 사람에게 감염된다. 돼지가 중간숙주이다.
- **선모충** 전 세계적으로 분포하며 경구감염된다. 쥐 → 돼지 → 사람에게 감염되며 돼지고기를 날것으로 먹을 때 감염된다. 예방법을 위해서는 쥐를 잡고, 돼지를 위생적으로 사육하며, 돼지고기를 충분히 가열하며 섭취해야 한다.
- **톡소플라스마(톡소포자충)** 고양이가 중간숙주이다.
- **만소니 열두조충** 닭이 중간숙주이다.

(3) 기생충 질환의 예방
- 대부분의 기생충은 열에 약하므로 어패류나 육류는 익혀서 섭취하도록 한다.
- 채소는 흐르는 물에 여러 차례 세척하여 먹는다.

- 칼, 도마 등 조리도구는 세척·소독하여 오염된 조리도구를 통해 2차 오염이 일어나지 않도록 주의한다.
- 개인적인 위생관리를 철저히 하고 구충제를 복용한다.
- 분변을 완전 처리하여 기생충란을 사멸시킨 후 비료로 사용한다. 가급적 분변으로 만든 비료를 사용하지 않고 청정재배 하거나 안전한 화학비료를 사용한다.
- 오염된 지역에서 생선회 등을 생식하지 않는다.

(4) 위생동물과 위생곤충

식품과 관련 있는 위생동물과 위생곤충에는 쥐, 파리, 바퀴벌레, 진드기 등이 있다. 위생동물은 병원미생물을 매개로 하여 인체 내에 직접 침입해서 감염을 시키거나 식품을 통해 운반되어 식품을 변질시키고, 식품의 외관, 미각 등을 손상시키거나 악화시킨다.

쥐

- **전파질병** 와일씨병, 재귀열, 결핵, 유행성출혈열, 페스트, 발진열, 서교증, 아메바성 이질, 쯔쯔가무시병, 살모넬라 식중독 등이다.
- 쥐가 건물이나 먹이에 침입할 수 없도록 통로를 차단한다.
- 살서제나 쥐덫을 이용하여 구제한다.

파리

- **전파질병** 이질, 콜레라, 장티푸스, 디프테리아, 결핵, 파라티푸스, 회충, 십이지장충, 요충, 편충, 화농성질환 등이다.
- 환경을 개선하여 파리의 발생원인을 제거한다.

더 알아보기 | 구제방법 |

- 모든 식품은 자격을 갖춘 신용할 수 있는 공급처에서 구입한다.
- 모든 식품과 기구는 청결하게 보관한다.
- 쉽게 오염될 수 있는 음식물은 냉장 보관한다.
- 식품은 선입선출한다.
- 쓰레기는 지정된 장소에서 즉시 처리한다.
- 덫, 접착식 쥐덫, 쥐약, 살충제를 사용하거나 전문 구제업체와 협력한다.

- 방충망, 덮개 설치, 살충제, 끈끈이 테이프를 이용하여 구제한다.

바퀴벌레
- **전파질병** 이질, 콜레라, 장티푸스, 페스트, 소아마비, 민촌충, 회충 등이다.
- 발생원인인 서식처를 제거하고 음식물을 철저히 관리한다.
- 살충제나 유인제를 이용한 접착제, 독이법, 훈증법등을 이용하여 구제한다.

진드기
- **전파전염** 유행성 출혈열, 양충병, 쯔쯔가무시병, 재귀열 등이다.
- 식품을 밀봉하여 보관, 냉장·냉동 보관, 건조시켜 보관한다.
- 살충제 등을 이용하여 구제한다.

3) 식중독의 원인과 예방대책

식중독은 유독·유해 물질이 함유된 식품을 섭취하고 급성위장장애를 발생시키는 증후군을 말한다. 발생 원인에 따라 세균성 식중독, 화학적 식중독, 자연독 식중독, 곰팡이독 식중독으로 분류된다.

식중독의 원인

종류	특징
세균성 식중독	• 감염형: 식품과 함께 식품 중에 증식한 세균을 먹고 발병하는 식중독 • 독소형: 원인균의 증식과정에서 생성된 독소를 먹고 발병하는 식중독
화학성 식중독	• 유해첨가물: 유독성 화학물질을 함유한 식품을 섭취함으로써 일어나는 식중독 • 중금속: 납, 아연, 카드뮴 등의 중금속에 의한 식중독 및 만성중독
자연독 식중독	• 유독성 물질이 함유되어 있는 식품을 섭취함으로써 발병하는 식중독 • 분류: 식물성, 동물성, 곰팡이독

(1) 세균성 식중독
세균성 식중독은 크게 감염형 식중독과 독소형 식중독으로 구분된다.

감염형 식중독

식품 내 병원체 및 독소가 증식하여 인체 내에 들어와 생리적 이상을 일으킨다.

- **살모넬라 식중독**
    - 원인균: 살모넬라속균(Salmonella spp.), 그람음성간균, 통성 혐기성균
    - 잠복기: 12~24시간
    - 증상: 구토, 급성위장염, 설사, 복통, 설사, 두통, 급격한 발열(38~40℃) 등
    - 원인식품: 육류 및 가공품, 어패류 및 그 가공품, 우유 및 유제품, 달걀, 날고기 가금류
    - 감염경로: 쥐, 파리, 바퀴벌레 등 곤충류에 의한 전파
    - 생육최적온도: 37℃이며 60℃에서 20분에 사멸
    - 예방방법: 원료 및 칼, 도마 등 조리기구의 철저한 위생관리, 쥐파리, 바퀴벌레 등의 구제, 육류·달걀 등을 조리할 경우 식품을 충분히 가열(65℃에서 30분 가열), 5℃ 이하 저온에서 식품 보존

- **장염비브리오 식중독**
    - 원인균: 호염성 비브리오균(Vibrio parahaemolyticus)으로 3~4% 염분 농도에서 증식
    - 원인식품: 균에 오염된 어류 및 패류의 생식, 칼이나 도마 등에 의해 2차 오염 가능
    - 감염원: 육지로부터 오염되기 쉬운 연안의 해수, 바다 벌 등에 분포하여 플랑크톤에 기생
    - 감염경로: 1차 오염된 어패류의 생식, 생선회, 초밥, 도시락, 샐러드 등 복합식품
    - 잠복기: 10~18시간으로 섭취된 균의 양에 따라 차이
    - 증상: 점액 혈변, 복통, 발열 등 급성위장염 증상
    - 예방: 열에 약한 특징(60°C에서 15분, 100°C에서 몇 분 내로 사멸)이 있으므로 식품을 가열하여 섭취한다. 2차 감염을 방지하기 위하여 어패류 전용 칼 및 도마 사용과 철저한 소독을 한다.
    - 어패류는 구입 즉시 냉장이나 냉동 보관

- **병원성 대장균 식중독**
    - 원인균: 병원성 대장균(E, coil), 편모성 간균, 그람음성균
    - 원인식품: 병원성 대장균에 오염된 식품, 우유, 햄, 치즈, 소시지, 샐러드, 도시락, 두부 등
    - 잠복기: 12~24시간(위장염형), 12~72시간(이질형)
    - 증상: 복통(상복부 통증), 수양성(혈변), 발열, 두통, 구토, 구역질 등, 치사율 거의 없음
    - 예방: 청결 유지, 분변의 오염 방지
    - 병원성 대장균은 동물의 배설물이 주 오염원이므로 분변오염이 되지 않도록 유의한다.

- 환자나 보균자의 분변이나 분변에 오염된 식품을 통해 감염, 분변오염의 지표가 된다.

독소형 식중독
세균이 생성된 독소에 의하여 발생된 식중독이다.

- **포도상구균에 의한 식중독**
  - 원인균: 사람이나 동물의 화농성질환의 대표적인 균으로 황색포도상구균(Staphyloclccus aureus)
  - 원인독소: 장독소 엔테로톡신(enterotoxin) 생성으로 내열성이 있어 쉽게 파괴되지 않는다(120℃, 30분 처리해도 파괴 안 됨). 포도상구균 자체는 열에 약하지만 생성된 엔테로톡신이 열에 잘 파괴되지 않는다.
  - 잠복기: 잠복기가 가장 짧다. 일반적으로 2~4시간(평균 3시간)
  - 증상: 급격한 발병, 처음에는 타액 분비 증가, 심한 구토, 복통, 경련 및 설사 등
  - 원인식품: 김밥, 도시락, 떡, 빵, 과자류 등 전분질을 함유하는 식품과 우유, 유제품, 가공육(햄+소시지 등), 어묵제품, 생과자 및 만두 등
  - 예방방법: 세균의 증식 방지, 식품취급 장소의 위생관리 및 2차 오염 방지, 화농이 있는 사람의 식품 제조·조리 금지
- **보툴리누스(Botulinus)균에 의한 식중독**
  - 원인균: 보툴리누스균(Clostridium Botulinus A, B, E, F의 4형),
  - 원인독소: 신경독인 뉴로톡신(Neurotoxin)으로 독소는 열에 약함(80℃에서 15분 가열시 비활성화)
  - 잠복기: 8~30시간(평균 12시간으로 잠복기가 가장 긺)
  - 증상: 구역질, 시력장애, 동공 확대, 언어장애, 삼킴 곤란 등의 신경 마비 증상, 호흡마비에 의한 사망, 치사율 40%(식중독 중 치사율이 가장 높음)
  - 원인식품: 완전 가열 살균되지 않은 병조림, 통조림, 소시지, 훈제품 등
  - 예방방법: 통조림 및 소시지 등의 위생적 가공과 보관, 가열에 의한 아포의 완전살균(120℃에서 4분 또는 100℃에서 30분 이상)
- **웰치(Welchii)균에 의한 식중독**
  - 원인균: 웰치균
  - 원인독소: 엔테로톡신
  - 잠복기: 8~21시간(평균 10~13시간)

- 증상: 심한 설사, 복통(주 증상), 오심과 구토, 발열은 드물고 점혈변이 나타남
- 원인식품: 육류 및 그 가공품, 기름에 튀긴 식품, 어패류와 가공품, 튀김두부 등
- 예방방법: 위생적인 식품 취급(저온 보관 및 가열 철저)으로 오염을 방지하고 육류 및 육류제품 조리 시 특히 주의한다.

(2) 화학성 식중독

농약의 과다 사용, 수확 직전과 이후 사용에 의해 농약이 식품에 잔류하여 강한 독성을 나타낸다.

유해금속에 의한 식중독

- **납**
  - 도료, 제련, 베터리, 인쇄 등의 작업과 납땜, 상수도 파이프 등에 많이 사용되며, 유약을 바른 도자기에서 중독이 일어날 수 있다.
  - 납 중독은 호흡과 경구 침입에 의해 발생하고 축적성이 커서 미량이라도 계속 섭취하면 만성중독을 일으킨다.
  - 증상: 안면창백, 위장장애, 중추신경계장애, 신장, 소화기관 장애, 혈액장애, 사지마비 등
  - 납에 중독되면 소변에서 '코프로포리마린'이 검출된다.
- **카드뮴**
  - 카드뮴에 오염된 어패류의 섭취, 도자기의 안료, 식기의 도금 등에 사용된 카드뮴이 중독을 일으킨다.
  - 이타이이타이병을 일으킨다.
  - 증상: 신장기능장애, 골연화증, 골다공증, 보행곤란, 온몸의 통증 등
- **수은**
  - 유기수은에 오염된 어패류, 수은제제인 농약, 보존료 등으로 처리한 음식물 섭취로 수은중독이 된다.
  - 미나마타병을 일으킨다.

    Tip 일본 미나마타만 부근의 공장에서 배출된 수은이 어패류를 통해 사람한테 이동, 수은의 만성중독으로 지각장애, 언어장애, 보행곤란 등의 증상이 나타난다.

  - 증상: 사지 저림, 보행장애, 근육경련, 언어장애 등
- **주석**
  - 주석 도금한 통조림의 내용물 중 질산이온이 높으면 깡통으로부터 주석이 용출되어 중

독을 일으킨다.

- 채소: 과즙 통조림같이 산성인 경우 특히 용출량이 많다.
- 허용기준 150ppm 이하, 산성통조림은 200ppm 이하
- 증상: 권태감, 구토, 복통, 설사

- **구리**
  - 채소의 착색에 사용된 황산구리와 조리기구가 부식되어 생성된 녹청 등으로 구리중독을 일으킨다.
  - 증상: 구토, 설사, 위통, 간세포의 괴사, 간의 색소 침착, 호흡곤란 등

- **아연**
  - 유산음료 등의 산성용액에 용기나 도금에 사용된 아연이 용출되어 중독을 일으킨다.
  - 증상: 구토, 설사, 복통 등

- **안티몬**   법랑, 도자기, 고무관, 어린이용 완구제품의 착색제로 사용되며 오염되는데 도금이 벗겨진 용기를 산성식품에 사용하면 용출되어 중독을 일으킨다.

- **비소**
  - 비산성석회를 무수탄산소다(밀가루·합성장류의 중화제)로 오인하여 사용하는 경우 도기와 법랑의 회화안료, 비소농약의 사용으로 중독을 일으킨다.
  - 증상: 구토, 설사, 위통, 출혈 등

농약에 의한 식중독

- **유기인제**
  - 종류: 파라티온, 말라티온, 다이아지논, 테프 등 다른 농약에 비해 살충효과는 높지만 독성이 커서 중독사고가 많이 일어난다.
  - 증상: 식욕부진, 구토, 경련, 신경독 증상, 근력 감퇴, 혈압 상승
  - 예방방법: 농약 살포 시 흡입 주의, 과채류 수확 전 15일 이내의 농약 살포 금지 등이다.

- **유기염소제**
  - 종류: DDT(잔류성이 큼), BHC(쉽게 분해되지 않음), DDD 등의 농약이 신경독을 일으킨다.
  - 특징: 자연계에서 분해되지 않고 잔류한다. 지용성으로 인체 지질조직에 축적된다. 모든 농작물에 사용이 금지되어 있다(토양에 잔류).
  - 증상: 복통, 설사, 구토, 전신권태, 시력감퇴, 신경독 등

- **유기수은제**
  - 종자소독, 토양살균, 도열병 방제등에 살균제로 사용하는 메틸염화수은, 메틸요오드화수은 등의 농약이 신경독과 신장독을 일으킨다.

- 증상: 시야 축소, 언어장애, 보행 곤란, 신장장애, 정신 착란 등
- **비소화합물**
  - 비산칼슘, 산성비산납 등의 농약이 중독을 일으킨다.
  - 증상: 목구멍과 식도의 수축현상, 위통, 설사, 구토, 혈변, 소변량 감소 등

불량 식품첨가물에 의한 중독

- **유해감미료**
  - 에틸렌글리콜: 체내에서 산화되면 옥살산이 되어 신경장애 등을 일으킨다.
  - 둘신: 감미도는 설탕의 250배, 간종양, 적혈구 생산 억제 등의 증상을 일으킨다.
  - 시클라메이트: 감미도는 설탕의 40배 정도, 나트륨염, 칼슘염이 대표적이다.
  - 메타니트로알린: 감미도는 설탕의 200배 정도로 '살인당', '원폭당'이라고 불린다.
  - 페닐라틴: 감미도는 설탕의 2,000배 정도로 신장을 자극하여 염증을 일으킨다.
- **유해보존료**
  - 붕산: 식품의 방부, 광택을 내기 위한 햄, 어묵, 전병, 마가린 등에 사용되었다.
  - 포름알데히드: 단백질 변성을 방지하여 주류, 장류, 시럽, 육제품 등에 사용하였다.
  - 불소화합물: 방부력이 강한 불화수소, 불화나트륨 등을 육류, 우유, 알코올음료 등에 사용하였다.
  - 승홍: 강력한 살균력과 방부력으로 주류 등에 사용하였다.
- **유해 착색제**
  - 아우라민: 염기성 황색색소로 과자, 팥앙금, 단무지, 카레분, 종이, 완구 등에 사용하였다.
  - 로다민 B: 복숭앗빛의 염기성 유해색소로 과자, 생선묵, 토마토케첩 등에 사용하였다.
  - 파라니트로아닐린: 혈액독과 신경독을 갖고 있는 착색제로 과자류 등에 사용하였다.
  - 실크스칼릿: 직물 염색에 사용하는 주황색 수용성 색소로 구토, 복통, 마비 등의 증상을 일으킨다.

  Tip 사용이 허가되는 발색제: 아질산나트륨, 질산나트륨, 질산칼륨

- **유해표백제**
  - 롱가리트: 주로 염색할 때 발색제로 사용하던 약품으로 물엿, 연근 등에 사용하였다.
  - 형광표백제: 압맥, 국수, 생선묵, 우윳병의 종이 마개 등에 사용하였다.
  - 삼염화질소: 밀가루의 표백과 숙성 등에 사용하였으며, 히스테리 증상을 일으킨다.

- **증량제**
  - 곡분, 설탕, 향신료 등을 부풀릴 목적으로 산성백토, 벤토네이트, 탄산칼슘, 탄산마그네슘, 규조토, 백도토, 석회 등의 영양적 가치가 없는 물질을 첨가한다.
  - 증상: 소화불량, 복통, 설사, 구토 등의 위장염을 일으킨다.

식품의 제조·소독과정에 의한 식중독

- **메틸알코올(메탄올)**
  - 에탄올 발효 시 펙틴이 있을 때 생성된다.
  - 증상: 구토, 복통, 설사, 시신경염증, 시각장애, 실명, 호흡곤란으로 사망하기도 한다.
- **N-니트로사민** 육가공품의 발색제 사용으로 인한 아민과 아질산과의 반응에 의해 생성되는 발암물질이다.
- **다환방향족탄하수소(PAH)**
  - 산소가 부족한 상태에서 유기물질로 고온으로 가열할 때 단백질이나 지방이 분해되어 생성되는 발암물질이다.
  - 3.4-벤조피렌: 다환방향족탄화수소이며, 훈제육이나 태운고기에서 생성되는 발암물질이다.
- **아크릴아마이드** 전분식품 가열 시 아미노산과 당의 열에 의한 결합반응 생성물로 유전자변형을 일으키는 발암물질이다.

(3) 자연독 식중독

동식물에 원래 존재하는 독으로 유독성이 함유되어 있는 식품을 섭취함으로써 발병하는 식중독이다.

식물성 식중독

- **감자** 솔라닌(solanine)이라는 성분이 감자 발아 부위와 녹색 부위에 존재한다.
- **독버섯** 무스카린(muscarine), 무스카리딘, 뉴린, 팔린, 콜린, 아마니타톡신
- **면실유** 고시풀(gossypol), 면실유가 불완전하게 정제되었을 때 생성된다.
- **청매, 은행, 살구씨** 아미그달린(amygdalin)

동물성 식중독

- **복어**
  - 독소: 테트로도톡신(tetrodotoxin)

- 부위: 복어의 장기와 특히 산란 직전의 난소, 고환
    - 증상: 지각장애, 호흡장애
    - 동물성 자연독 중 치사율이 가장 높다.
- **섭조개, 대합**
    - 독소: 삭시톡신(saxitoxin)
    - 증상: 복통, 위상장애, 호흡곤란
- **모시조개, 굴, 바지락**
    - 독소: 베네루핀(venerupin)
    - 증상: 전신권태, 구토, 복통 등

곰팡이독

- 곰팡이는 효모나 세균에 비해 수분이 적은 유기물에서 잘 번식한다.
- 식품의 변패 또는 부패에 영향을 끼친다.

누룩곰팡이속 곰팡이

- 아플라톡신: 탄수화물이 풍부한 쌀, 보리, 옥수수 등을 주요 기질로 생성한다.
- 농산물을 수확하면 건조하여 수분 함량을 낮추고 저장고의 상대습도는 70% 이하로 보관한다.

푸른곰팡이속 곰팡이

- 황변미에 의한 중독: 수분을 14~15% 이상 함유한 저장미에서 곰팡이가 생성하는 대사산물이다.
- 쌀이 황색으로 변하며, 이로 인한 중독작용을 황변미 중독이라고 한다.

- **곰팡이독(mycotoxin)** 곰팡이의 대사물로 질병이나 이상 생리작용을 유발하는 물질

맥각에 의한 중독

- 호밀, 보리 등이 맥각균이라는 곰팡이의 균핵이 존재하는데 이것을 '맥각'이라고 한다.
- 교감신경 마비와 임산부의 유산이나 조산의 원인이 된다.

알레르기성(부패성) 식중독

- 세균 오염에 의한 부패산물이 원인으로 일어나는 식중독이다.
- **원인균** 프로테우스 모르가니(Proteus morganii, 단백질 부패세균), 히스티딘(histidine) 함유량이 많은 어육(꽁치, 고등어, 정어리, 참치, 방어 등 붉은살 계통의 생선)에 부착·증식하고

잠재적 위해식품(Potentially Hazardous Food, PHF)이란 수분과 단백질 함량이 높아 세균이 쉽게 증식할 수 있는 식품을 말한다. 종류로는 달걀, 유제품, 곡류식품, 콩식품, 단백식품, 육류, 가금류, 조개류, 갑각류 등이 있다. 잠재적 위해식품 온도구간(Food Danger Zone)인 5~6℃에서는 미생물 증식이 늘어나기 때문에 조리된 식품은 실온에 2시간 이상 방치하지 않는다.

다량의 히스타민 생성단백질인 히스티딘이 히스타민으로 변환되어 알레르기를 유발한다.

- **원인식품** 꽁치, 고등어, 정어리 등 붉은살 생선, 건어물 통조림 등이 원인이다.
- **잠복기** 30분~1시간(보통 30분 전후)
- **증상** 안면홍조, 눈이나 입 주위, 귓바퀴의 열 감지, 전신에 붉은 홍조, 두드러기(담마진), 두통, 발열과 구토, 설사 등
- **예방방법** 어류의 충분한 세척과 가열, 살균, 냉동보관

바이러스성 식중독

바이러스성 식중독은 미량의 개체(10~100)로도 발병 가능하다. 2차 감염으로 인해 대형 식중독을 유발할 가능성이 높다.

바이러스성 식중독의 종류와 특징

종류	특징
노로바이러스 (norovirus)	• 11~12월 온도가 낮은 겨울철에 주로 발생 • 사람의 분변 → 구강경로를 통해 발생 • 오염된 물, 식품 등에 의해 발생 • 손 씻기 등 개인위생을 철저히 해야 함 • 증상: 구역질, 설사, 구토, 복통 등의 장염증세 • 원인식품: 패류, 샐러드, 과일, 냉장식품, 빙과류 등
로타바이러스 (rotavirus)	• 인체에 대표적인 위장염의 병원성 원인균 • 11월부터 2~3월까지 겨울철에 주로 발생 • 생후 3~24개월 된 영유아에게 장염을 발생시킴 • 주로 환경을 깨끗이 하고 사람의 접촉이 많은 곳을 피해야 함 • 증상: 발열, 기침 등의 감기증상 • 원인식품: 오염된 음료수, 음식

(4) 식중독의 예방 및 대책

식중독 예방의 3대 원칙은 끓여 먹기, 손 씻기, 익혀 먹기(보건복지부)이다. 식중독 발생 시에는 신속 보고를 통해 감염경로를 빠르게 파악하고 차단한다. 식중독의 예방법은 다음과 같다.

- 음식이 부패되지 않도록 위생적으로 처리한다.
- 남은 음식에 해충(쥐, 파리, 바퀴벌레)이 닿지 않도록 잘 보관한다.
- 변질된 음식은 섭취하지 않는다.
- 농약이 묻은 식품은 흐르는 물에 여러 번 씻는다.
- 감자의 싹, 복어알, 독버섯 등과 같은 식품의 자연독에 주의한다.
- 더운 여름에 식품관리를 철저히 한다.
- 음식을 다룰 때나 식사 전에 손을 깨끗이 씻는다.
- 날음식은 충분히 익혀서 먹고 물은 끓여서 먹는다.
- 김밥과 같이 조리된 음식 등은 상온에 보관하지 않으며, 제품 제작 후 신선도가 유지되는 시간 안에 빠르게 섭취한다.
- 식품원료에 맞는 살균·소독을 실시하고 시설, 기구, 포장, 식품취급자 등은 항상 청결을 유지한다.

(5) 식중독 발생 시 신고 보고 체계

- 특별자치시장, 시장, 군수, 구청장 → 보고관리시스템 입력 및 보고 → 유관기관에 발생 사실을 동시에 알린다.
- **보건소** 위생과 역학조사팀이 현장에 출동하여 조사를 실시한다. 환자를 대상으로 증상, 섭취한 음식물, 장소, 설문조사 등을 하고 영업장의 시설 및 식재료의 수거 및 검사를 의뢰한다.
- 학교 식중독 발생 시 식중독 발생 학교와 동일한 식자재를 사용한 학교에 사용 중지를 요청하며, 교육청과 식약처에 발생을 보고한다.

더 알아보기 | 식중독 발생 시 신속보고 체계 |

- 발생 신고: 집단 급식소, 의사·한의사, 의심환자, 음식점 등 발생시설 운영자, 이용자 → 보건소에 신고
- 발생 보고: 보건소(감염부서) → 시·군·부(위생부서) → 시·도 식약처

4) 작업장 교차오염 발생요소

교차오염이란 오염되지 않은 식재료나 음식에 오염된 식재료, 기구, 종사자와의 접촉으로 인해 미생물이 혼입되어 오염되는 것을 말한다. 맨손으로 식품을 취급할 때, 손을 깨끗이 씻지 않은 경우, 식품 쪽에서 기침하는 경우, 칼, 도마 등을 혼용하여 사용할 경우에 발생한다.

(1) 교차오염 발생장소
바닥, 트렌치, 생선·채소·과일 준비 코너, 생선 취급 코너에서 발생한다.

(2) 교차오염 예방법
- 식재료를 검수, 전처리, 저장, 세정하는 일반작업구역과 음식을 조리, 배선, 식기를 보관하는 청결작업구역이 있다. 작업구역은 구분하여 관리한다.
- 식품 취급 등의 작업은 바닥으로부터 60cm 이상 떨어진 곳에 실시하여 바닥의 오염된 물이 튀지 않도록 주의한다.
- 냉장·냉동 저장공간은 세균 증식이 어려운 환경이나 식자재와 음식물의 출입이 잦아 세균 침투와 교차오염이 우려되는 공간이므로 최대한 자주 세척 및 살균을 한다.
- 상온창고의 경우 적재용 깔판, 팰릿(pallet), 선반, 환풍기, 창문방충망, 온습도계 등을 관리하고 바닥은 항상 건조한 상태를 유지해야 한다. 선입선출(FIFO)원칙을 준수한다.
- 주방공간에 설치된 장비나 기물은 항상 청결한 상태를 유지하도록 정기적인 세척이 필요하며, 청소도구는 사용 후 깨끗이 세척·건조하여 지정된 장소에 보이지 않도록 보관한다.

더 알아보기 | 교차오염 |

식재료나 조리기구, 물 등에 오염되어 있던 미생물이 오염되지 않은 식재료나 조리기구, 물 등에 접촉되거나 혼입되면서 전이되는 현상이다. 식품을 취급하는 과정에서 나타나는 교차오염(cross contamination) 예방법은 다음과 같다.

- 칼, 도마, 조리기구 등은 식품군별(채소류, 육류, 생선류 등)로 구별하여 사용한다.
- 생식품 또는 오염된 조리기구에 사용된 행주나 수세미 등은 깨끗이 세척한 후 소독하여 사용한다.
- 생식품에 사용된 칼, 도마, 식기 등은 깨끗이 세척·소독하여 사용한다.

- 배수로를 철저히 관리하지 않으면 하수구에서 악취를 유발하거나 해충이 발생하고 심하면 쥐의 이동통로가 되므로 주기적으로 관리한다.
- 배기후드를 청소하기 전에는 하부 조리장비에 먼지나 이물질이 떨어지지 않도록 덮어두고, 후드 내의 거름망을 분리하여 세척한다. 세척제를 제거한 후 마른 수건으로 닦고 건조한다.

(3) 작업구역과 작업내용

- **일반 작업구역** 검수구역, 전처리구역, 식재료저장구역, 세정구역, 가열·소독 전 식품절단구역
- **청결작업구역** 가열·소독 후 식품 절단구역, 조리구역, 정량 및 배선구역, 식기보관구역

5 식품위생법 관련 법규 및 규정

1) 식품위생의 정의

(1) 세계보건기구 정의
세계보건기구(World Health Organization, WHO)의 정의에 따르면, 식품위생이란 식품원료의 재배, 생산, 제조로부터 최종적으로 사람에게 섭취되기까지 모든 단계에 있어서의 식품의 안정성, 보존성, 악화 방지를 위한 모든 수단을 말한다.

(2) 우리나라의 정의
식품위생이란 식품, 식품첨가물, 기구 또는 용기·포장을 대상으로 하는 음식에 관한 위생을 말한다(식품위생법 제2조 제11항).

- **식품** 모든 음식물을 말한다. 다만, 의약품으로서 섭취하는 것은 제외된다.
- **식품첨가물** 식품을 제조, 가공 또는 보존함에 있어 식품에 첨가, 혼합, 침윤 기타의 방법으로 사용되는 물질이다.
- **화학적 합성품** 화학적 수단에 의하여 원소 또는 화합물에 분해반응 외의 화학반응을 일으켜 얻은 물질이다.
- **기구** 식품 또는 식품첨가물의 채취, 제조, 가공, 조리, 저장, 운반·진열할 때 사용하는 것으로 식품 또는 식품첨가물에 직접 닿는 기계·기구나 그 밖의 물건(농업, 수산업에서 사용되는 기계·기구 제외)이다.
- **용기·포장** 식품 또는 식품첨가물을 넣거나 싸는 것으로 식품 또는 식품첨가물을 주고받을 때 함께 건네는 물품을 말한다.

2) 식품위생의 대상과 행정의 목적

(1) 식품위생의 대상

식품, 식품첨가물, 기구, 용기 및 포장 등 음식에 관한 전반적인 것을 대상으로 한다(단, 의약으로 섭취하는 것은 제외).

(2) 식품위생행정의 목적

- 식품으로 인한 위생상의 위해를 방지한다.
- 식품영양의 질적 향상을 도모한다.
- 식품에 대한 올바른 정보를 제공한다.
- 국민 건강의 보호·증진에 이바지함을 목적으로 한다.

식품위생 행정기구

행정기구	담당부서	업무 내용
중앙기구	식품의약품안전처	식품위생법에 그 기초를 두고 식품위생 행정업무를 총괄, 지휘, 감독
	질병관리청	각종 질병의 원인 규명을 위한 연구와 보건·복지 분야의 종사자의 교육훈련 백신 개발
지방기구	특별시, 광역시, 각 구청, 군청의 보건위생과	식품위생 감시원 배치
	시·도의 보건환경연구원	식품위생의 검사
	보건소	관할 영업소 종사자에 대한 건강진단, 교육 등

3) 식품위생 관련 법규

(1) 위해식품 등의 판매 금지(법 제4조)

누구든지 다음의 어느 하나에 해당하는 식품 등을 판매하거나 판매할 목적으로 채취·제조·수입·가공·사용·조리·저장·소분·운반 또는 진열하여서는 아니 된다.

- 썩거나 상하거나 설익어서 인체의 건강을 해칠 우려가 있는 것
- 유독·유해물질이 들어 있거나 묻어 있는 것 또는 그러할 염려가 있는 것. 다만, 식품의약품안전처장이 인체의 건강을 해칠 우려가 없다고 인정하는 것은 제외
- 병(病)을 일으키는 미생물에 오염되었거나 그러할 염려가 있어 인체의 건강을 해칠 우려가 있는 것
- 불결하거나 다른 물질이 섞이거나 첨가(添加)된 것 또는 그 밖의 사유로 인체의 건강을 해칠 우려가 있는 것
- 안전성 평가 대상인 농·축·수산물 등 가운데 안전성 평가를 받지 아니하였거나 안전성 평가에서 식용(食用)으로 부적합하다고 인정된 것
- 수입이 금지된 것 또는 수입신고를 하지 아니하고 수입한 것
- 영업자가 아닌 자가 제조·가공·소분한 것

(2) 판매금지 품목

병든 동물 고기 등의 판매 등 금지(법 제5조)
누구든지 총리령으로 정하는 질병(리스테리아병, 살모넬라병, 파스튜렐라병 및 선모충증)의 염려가 있는 동물이나 그 질병에 걸려 죽은 동물의 고기·뼈·젖·장기 또는 혈액을 식품으로 판매하거나 판매할 목적으로 채취·수입·가공·사용·조리·저장·소분 또는 운반하거나 진열하여서는 아니 된다.

기준 · 규격이 정하여지지 아니한 화학적 합성품 등의 판매 등 금지(법 제6조)
누구든지 기준·규격이 정해지지 아니한 화학적 합성품인 식품첨가물과 이를 함유한 물질을 식품첨가물로 사용하는 행위 혹은 식품첨가물이 함유된 식품을 판매하거나 판매할 목적으로 제조·수입·가공·사용·조리·저장·소분·운반 또는 진열하는 행위를 하여서는 아니 된다. 다만, 식품의약품안전처장이 식품위생심의위원회의 심의를 거쳐 인체의 건강을 해칠 우려가 없다고 인정하는 경우에는 그러하지 아니하다.

식품 또는 식품첨가물에 관한 기준 및 규격(법 제7조)
식품의약품안전처장은 국민보건을 위하여 필요하면 판매를 목적으로 하는 식품 또는 식품첨가물에 관하여 제조·가공·사용·조리·보존 방법에 관한 기준 및 성분에 관한 규격을 정하여 고시한다.

- 식품의약품안전처장은 기준과 규격이 고시되지 아니한 식품 또는 식품첨가물(식품에 직접 사용하는 화학적 합성품인 첨가물은 제외)에 대하여는 식품의약품안전처장 또는 총리령으로 정하는 식품전문 시험·검사기관, 시험·검사기관의 검토를 거쳐 기준과 규격이 고시될 때까지 그 식품 또는 식품첨가물의 기준과 규격으로 인정할 수 있다.
- 수출할 식품 또는 식품첨가물의 기준과 규격은 수입자가 요구하는 기준과 규격을 따를 수 있다.
- 기준과 규격이 정해진 식품 또는 식품첨가물은 그 기준에 따라 제조·수입·가공·사용·조리·보존하여야 하며, 그 기준과 규격에 맞지 아니하는 식품 또는 식품첨가물은 판매하거나 판매할 목적으로 제조·수입·가공·사용·조리·저장·소분·운반·보존 또는 진열해서는 아니 된다.

(3) 허위표시 등의 금지

누구든지 식품 등의 명칭·제조방법, 품질·영양 표시, 유전자 재조합 식품 등 및 식품이력추적 관리 표시에 관하여는 다음 각 호에 해당하는 허위·과대·비방의 표시·광고를 하여서는 아니 되고, 포장에 있어서는 과대포장을 하지 못한다. 식품 또는 식품첨가물의 영양가·원재료·성분·용도에 관해서도 그러하다.

허위표시 및 과대광고 범위

- 수입신고한 사항이나 허가받거나 신고·등록 또는 보고한 사항과 다른 내용의 표시·광고
- 질병의 예방 또는 치료에 효능이 있다는 내용의 표시·광고
- 식품 등의 명칭·제조방법, 품질·영양표시, 식품이력추적표시, 식품 또는 식품첨가물의 영양가·원재료·성분·용도와 다른 내용의 표시·광고
- 제조연월일 또는 유통기한을 표시함에 있어 사실과 다른 내용의 표시·광고
- 제조방법에 관해 연구하거나 발견한 사실로 식품학·영양학 등의 분야에서 공인된 사항 외의 표시·광고. 다만, 제조방법에 관하여 연구하거나 발견한 사실에 대한 식품학·영양학 등의 문헌을 인용하여 문헌의 내용을 정확히 표시하고, 연구자의 성명, 문헌명, 발표 연월일을 명시하는 표시·광고는 제외
- 각종 상장·감사장 등을 이용하거나 '인증'·'보증' 또는 '추천'을 받았다는 내용을 사용하거나 이와 유사한 내용을 표현하는 광고
- 미풍양속을 해치거나 해칠 우려가 있는 저속한 도안·사진 등을 사용하는 표시·광고 또는 미풍양속을 해치거나 해칠 우려가 있는 음향을 사용하는 광고

- 화학적 합성품의 경우 그 원료의 명칭 등을 사용하여 화학적 합성품이 아닌 것으로 혼동할 우려가 있는 광고
- 판매사례품 또는 경품 제공·판매 등 사행심을 조장하는 내용의 표시·광고(「독점규제 및 공정거래에 관한 법률」에 따라 허용되는 경우는 제외)
- 소비자가 건강기능식품으로 오인·혼동할 수 있는 특정 성분의 기능 및 작용에 관한 표시·광고
- 체험기를 이용하는 광고
- 의약품과 혼동할 우려가 있는 표시나 광고

허위표시 및 과대광고에 해당되지 않는 경우
- 휴게음식점영업소 및 일반음식점영업소에서 조리·판매하는 식품과 제과점영업소에서 제조·판매하는 식품에 대한 표시·광고
- 영업신고를 하지 아니한 식품에 대한 표시·광고
- 영업조합법인이 국내산 농·임·수산물을 주된 원료로 하여 제조·가공한 메주·된장·고추장·간장·김치에 대하여 식품영양학적으로 공인된 사실이라고 식품의약품안전처장이 인정한 표시·광고

(4) 식품 등의 공전(법 제14조)
식품의약품안전처장은 다음의 기준 등을 실은 식품 등의 공전을 작성·보급해야 한다.

- 식품 또는 식품첨가물의 기준과 규격
- 기구 및 용기·포장의 기준과 규격

(5) 출입, 검사, 수거(법 제22조)
식품의약품안전처장, 시·도지사 또는 시장·군수·구청장은 식품 등의 위해 방지와 위생관리, 영업질서의 유지를 위해 필요하다면 다음에 따른 조치를 취할 수 있다.

- 영업자나 그 밖의 관계인에게 필요한 서류나 그 밖의 자료의 제출 요구
- 관계 공무원으로 하여금 아래에 해당하는 출입·검사·수거 등의 조치
  - 영업소에 출입하여 판매를 목적으로 하거나 영업에 사용하는 식품 등 또는 영업시설 등에 대하여 하는 검사

- 검사에 필요한 최소량의 식품 등의 무상 수거
- 영업에 관계되는 장부 또는 서류의 열람

식품의약품안전처장은 시·도지사 또는 시장·군수·구청장이 출입·검사·수거 등의 업무를 수행하면서 식품 등으로 인하여 발생하는 위생 관련 위해방지 업무를 효율적으로 하기 위하여 필요한 경우에는 관계 행정기관의 장, 다른 시·도지사 또는 시장·군수·구청장에게 행정응원(行政應援)을 하도록 요청할 수 있다. 이 경우 행정응원을 요청받은 관계 행정기관의 장, 시·도지사 또는 시장·군수·구청장은 특별한 사유가 없으면 이에 따라야 한다.

출입·검사·수거 또는 열람하려는 공무원은 그 권한을 표시하는 증표를 지니고 이를 관계인에게 내보여야 한다. 행정응원의 절차, 비용 부담방법, 그 밖에 필요한 사항은 대통령령으로 정한다.

(6) 식품위생감시원(법 제32조)

식품위생에 관한 지도 등을 하기 위하여 식품의약품안전처, 특별시·광역시·도·특별자치도 또는 시·군·구에 식품위생감시원을 둔다. 식품위생감시원의 자격·임명·직무 범위, 그 밖에 필요한 사항은 대통령령으로 정한다. 식품위생감시원의 직무는 다음과 같다.

- 식품 등의 위생적인 취급에 관한 기준의 이행 지도
- 수입·판매 또는 사용 등이 금지된 식품 등의 취급 여부에 관한 단속
- 표시기준 또는 과대광고 금지의 위반 여부에 관한 단속
- 출입·검사 및 검사에 필요한 식품 등의 수거
- 시설기준의 적합 여부의 확인·검사
- 영업자 및 종업원의 건강진단 및 위생교육의 이행 여부의 확인·지도
- 조리사 및 영양사의 법령 준수사항 이행 여부의 확인·지도
- 행정처분의 이행 여부 확인
- 식품 등의 압류·폐기 등
- 영업소의 폐쇄를 위한 간판 제거 등의 조치
- 그 밖에 영업자의 법령 이행 여부에 관한 확인·지도

(7) 영업

- **식품제조·가공업** 식품을 제조·가공하는 영업

- **즉석판매제조·가공업** 총리령으로 정하는 식품을 제조·가공업소에서 직접 최종소비자에게 판매하는 영업
- **식품첨가물제조업**
  - 감미료·착색료·표백제 등의 화학적 합성품을 제조·가공하는 영업
  - 천연물질로부터 유용한 성분을 추출하는 등의 방법으로 얻은 물질을 제조·가공하는 영업
  - 식품첨가물의 혼합제재를 제조·가공하는 영업
  - 기구 및 용기·포장을 살균·소독할 목적으로 사용되어 간접적으로 식품에 이행(移行)될 수 있는 물질을 제조·가공하는 영업
- **식품운반업** 직접 마실 수 있는 유산균음료(살균유산균음료를 포함)나 어류·조개류 및 그 가공품 등 부패·변질되기 쉬운 식품을 위생적으로 운반하는 영업. 다만, 해당 영업자의 영업소에서 판매할 목적으로 식품을 운반하는 경우와 해당 영업자가 제조·가공한 식품을 운반하는 경우는 제외
- **식품소분·판매업** 총리령으로 정하는 식품 또는 식품첨가물의 완제품을 나누어 유통할 목적으로 재포장·판매하는 영업
- **식품판매업**
  - (가) 식용얼음판매업: 식용얼음을 전문적으로 판매하는 영업
  - (나) 식품자동판매기영업: 식품을 자동판매기에 넣어 판매하는 영업. 다만, 유통기간이 1개월 이상인 완제품만을 자동판매기에 넣어 판매하는 경우는 제외
  - (다) 유통전문판매업: 식품 또는 식품첨가물을 스스로 제조·가공하지 아니하고 제1호의 식품제조·가공업자 또는 제3호의 식품첨가물제조업자에게 의뢰하여 제조·가공한 식품 또는 식품첨가물을 자신의 상표로 유통·판매하는 영업
  - (라) 집단급식소 식품판매업: 집단급식소에 식품을 판매하는 영업
  - (마) 식품 등 수입판매업: 식품 등을 수입하여 판매하는 영업. 다만, 식품 등의 채취·제조 또는 가공에 사용되는 기계를 수입하는 경우는 제외
  - (바) 기타 식품판매업: '가'부터 '마'까지를 제외한 영업으로서 총리령으로 정하는 일정 규모 이상의 백화점, 슈퍼마켓, 연쇄점 등에서 식품을 판매하는 영업
- **식품보존업**
  - 식품조사처리업: 방사선을 쐬어 식품의 보존성을 물리적으로 높이는 것을 업(業)으로 하는 영업
  - 식품냉동·냉장업: 식품을 얼리거나 차게 하여 보존하는 영업. 다만, 수산물의 냉동·냉장은 제외

- **용기·포장류제조업**
  - 용기·포장지제조업: 식품 또는 식품첨가물을 넣거나 싸는 물품으로서 식품 또는 식품첨가물에 직접 접촉되는 용기(옹기류는 제외)·포장지를 제조하는 영업
  - 옹기류제조업: 식품을 제조·조리·저장할 목적으로 사용되는 독, 항아리, 뚝배기 등을 제조하는 영업
- **식품접객업**
  - 휴게음식점영업: 주로 다류(茶類), 아이스크림류 등을 조리·판매하거나 패스트푸드점, 분식점 형태의 영업 등 음식류를 조리·판매하는 영업으로서 음주행위가 허용되지 아니하는 영업. 다만 편의점, 슈퍼마켓, 휴게소, 그 밖에 음식류를 판매하는 장소(만화가게 및 「게임산업진흥에 관한 법률」 제2조 제7호에 따른 인터넷컴퓨터게임시설제공업을 하는 영업소 등 음식류를 부수적으로 판매하는 장소를 포함)에서 컵라면, 일회용 다류 또는 그 밖의 음식류에 물을 부어주는 경우는 제외

더 알아보기 ┃ 식품접객영업자의 준수사항 ┃

● **접객행위에 대한 준수사항**

영리를 목적으로 식품접객업을 하는 장소(유흥종사자를 둘 수 있도록 대통령령으로 정하는 영업을 하는 장소는 제외)에서 손님과 함께 술을 마시거나 노래 또는 춤으로 손님의 유흥을 돋우는 접객행위(공연을 목적으로 하는 가수, 악사, 댄서, 무용수 등이 하는 행위는 제외)를 하거나 다른 사람에게 그 행위를 알선하여서는 아니 된다.

● **청소년 대상 준수사항**
- 청소년을 유흥접객원으로 고용하여 유흥행위를 하게 하는 행위
- 청소년출입·고용 금지업소에 청소년을 출입시키거나 고용하는 행위
- 청소년고용금지업소에 청소년을 고용하는 행위
- 청소년에게 주류(酒類)를 제공하는 행위

● **유흥종사자와 유흥시설의 범위**
- "유흥종사자"란 손님과 함께 술을 마시거나 노래 또는 춤으로 손님의 유흥을 돋우는 부녀자인 유흥접객원을 말한다.
- "유흥시설"이란 유흥종사자 또는 손님이 춤을 출 수 있도록 설치한 무도장을 말한다.

- 일반음식점영업: 음식류를 조리·판매하는 영업으로서 식사와 함께 부수적으로 음주행위가 허용되는 영업
- 단란주점영업: 주로 주류를 조리·판매하는 영업으로서 손님이 노래를 부르는 행위가 허용되는 영업
- 유흥주점영업: 주로 주류를 조리·판매하는 영업으로서 유흥종사자를 두거나 유흥시설을 설치할 수 있고 손님이 노래를 부르거나 춤을 추는 행위가 허용되는 영업
- 위탁급식영업: 집단급식소를 설치·운영하는 자와의 계약에 따라 그 집단급식소에서 음식류를 조리하여 제공하는 영업
- 제과점영업: 주로 빵, 떡, 과자 등을 제조·판매하는 영업으로서 음주행위가 허용되지 아니하는 영업

(8) 허가, 신고 및 등록을 해야 하는 영업 및 관청

허가를 받아야 하는 영업 및 관청
- **식품조사처리업** 식품의약품안전처장
- **식품접객업 중 단란주점영업, 유흥주점영업** 특별자치시장, 특별자치도지사 또는 시장·군수·구청장

특별자치시장, 특별자치도지사 · 시장 · 군수 · 구청장에게 신고하여야 하는 영업
- 즉석판매제조·가공업
- 식품운반업
- 식품소분·판매업
- 식품 냉동·냉장업
- 용기·포장류 제조업
- 식품접객업 중 휴게음식점영업, 일반음식점영업, 위탁급식영업, 제과점영업

특별자치시장, 특별자치도지사 · 시장 · 군수 · 구청장에게 등록하여야 하는 영업
식품제조·가공업, 식품첨가물제조업

식품의약품안전처장에게 등록하여야 하는 영업
주류제조업

(9) 건강진단 대상자
- 식품 또는 식품첨가물(화학적 합성품 또는 기구등의 살균·소독제는 제외)을 채취·제조·가공·조리·저장·운반 또는 판매하는 일에 직접 종사하는 영업자 및 종업원
- 완전 포장된 식품 또는 식품첨가물을 운반하거나 판매하는 일에 종사하는 사람은 제외

(10) 영업에 종사하지 못하는 질병의 종류
- 장티푸스, 파라티푸스, 세균성 이질, 콜레라, 장출혈성대장균감염증(O-157), A형 간염 등의 6종의 소화기계 감염병
- 결핵(비감염성인 경우는 제외)
- 피부병 또는 그 밖의 화농성 질환
- B형 간염(전염의 우려가 없는 비활동성 간염은 제외)
- 후천성면역결핍증(감염병의 예방 및 관리에 관한 법률'에 의하여 성병에 관한 건강진단을 받아야 하는 영업에 종사하는 자에 한한다)

(11) 조리사
집단급식소 운영자와 대통령령으로 정하는 식품접객업자는 조리사(調理士)를 두어야 한다.

집단급식소에 근무하는 조리사의 직무
- 집단급식소에서의 식단에 따른 조리업무, 즉 식재료의 전(前)처리부터 조리, 배식 등의 전 과정을 말함
- 구매식품의 검수 지원
- 급식설비 및 기구의 위생·안전 실무
- 그 밖에 조리실무에 관한 사항

조리사의 면허
국가기술자격법에 따라 해당 기능 분야의 자격을 얻은 후 특별자치시장·특별자치도지사·시장·군수·구청장 면허를 받아야 한다.

조리사 면허의 결격사유
- 정신질환자
- 감염병 환자(B형 간염 환자는 제외)

- 마약이나 그 밖의 약물 중독자
- 조리사 면허의 취소 처분을 받고 그 취소된 날로부터 1년이 지나지 아니한 자

조리사의 면허취소

- 조리사 면허의 결격 사유에 해당될 때
- 업무 정지 기간 중에 조리사의 업무를 하는 경우

조리사의 업무 정지(6개월 이내)

- 교육을 받지 아니한 경우
- 식중독이나 그 밖에 위생과 관련한 중대한 사고 발생에 직무상의 책임이 있는 경우
- 면허를 타인에게 대여하여 사용하게 한 경우

(12) 식품위생심의위원회의 직무

- 식중독 방지에 관한 사항
- 농약·중금속 등 유독·유해물질 잔류 허용 기준에 관한 사항
- 식품 등의 기준과 규격에 관한 사항
- 그 밖에 식품위생에 관한 중요 사항

(13) 식중독

식중독의 보고 대상자는 다음과 같다.

- 식중독 환자나 식중독이 의심되는 자를 진단하였거나 그 사체를 검안(檢案)한 의사 또는 한의사
- 집단급식소에서 제공한 식품 등으로 인하여 식중독 환자나 식중독으로 의심되는 증세를 보이는 자를 발견한 집단급식소의 설치·운영자

식중독의 보고체계는 다음과 같다.

- 지체 없이 관할 특별자치시장·시장·군수·구청장에게 보고하여야 한다.
- 특별자치시장·시장·군수·구청장은 보고를 받은 때에는 지체 없이 그 사실을 식품의약품 안전처장 및 시·도지사에게 보고하고, 대통령령으로 정하는 바에 따라 원인을 조사하여 그 결과를 보고하여야 한다.

    Tip   의사, 한의사, 급식소의 운영자 → 시장, 군수, 구청장 → 식품의약품 안전처장 및 시·도지사(지체 없이)

(14) 벌칙

10년 이하의 징역 또는 1억 원 이하의 벌금
- 병든 동물의 고기, 사용이 허가되지 않은 화학적 합성품 등을 사용한 위해식품의 판매 시
- 유독기구를 판매하거나 사용 시
- 식품 또는 식품첨가물의 제조업, 가공업, 운반업, 판매업 및 보존업, 기구, 또는 용기·포장의 제조업, 식품접객업을 하려고 하는 자 중 대통령령으로 정하는 바에 따라 영업 종류별 또는 영업소별로 식품의약품안전처장, 또는 특별자치도지사·시장·군수·구청장의 허가를 받지 않은 자
- 영업자가 아닌자가 제조·가공·소분한 것
- 수입이 금지된 것 또는 「수입식품안전관리특별법」에 따른 수입신고를 하지 않고 수입한 것

7년 이하의 징역, 1억 원 이하의 벌금(농수산물 원산지 표시에 관한 법규)
대통령령으로 정하는 농수산물 또는 그 가공품을 수입하는 자, 생산·가공하여 출하하거나 판매하는 자, 판매할 목적으로 보관·진열하는 자는 원산지를 표시하여야 한다.

- 원산지표시를 거짓으로 하거나 혼동 우려가 있는 표시를 하는 행위
- 표시를 혼동하게 할 목적으로 손상·변경하는 행위
- 원산지를 위장, 판매하거나 원산지표시를 한 농수산물이나 그 가공품에 다른 농수산물이나 가공품을 혼합하여 판매하거나 판매할 목적으로 보관·진열하는 행위

    Tip   위 사항의 형을 선고받은 이후 5년 이내 다시 위반한 자는 1년 이상 10년 이하의 징역 또는 500만 원 이상 1억 5천만 원 이하 벌금 또는 병과

5년 이하의 징역, 5천만 원 이하 벌금

- 기준·규격에 맞지 않는 식품·식품첨가물·기구·용기의 제조·판매·사용 시
- 영업 변경신고 위반, 영업시간·영업행위 위반 등의 경우

3년 이하의 징역, 3천만 원 이하 벌금

- 조리사를 두어야 하는 영업에 조리사를 두지 않은 식품접객업자, 집단급식소 운영자, 영양사를 두지 않은 집단급식소 운영자
- GMO 식품의 경우 이에 대한 표시 없이 GMO 식품을 판매했을 경우
- 식품제조업의 자가품질검사 불이행, 자가품질검사 결과 위해 여부를 보고하지 않은 자
- 조리사가 아닌 자가 조리사 명칭을 허위로 사용했을 경우

1년 이하의 징역, 1천만 원 이하의 벌금

- 식품접객업소에서 접객행위를 한 자(유흥주점의 경우의 유흥종사자는 제외)
- 소비자로부터 이물질이 발견된 사실을 신고받고 거짓으로 보고한 자, 이물질 발견을 거짓으로 신고한 자
- 위해식품 등 회수계획을 보고하지 않거나 거짓으로 보고한 자

(15) 식품, 식품첨가물의 표시 기준

- 제품명, 내용량, 원재료명, 영업소 명칭 및 소재지
- 소비자 안전을 위한 주의사항
- 제조연월일, 유통기한 또는 품질유지기한
- 그 밖에 식품 또는 식품첨가물에 대한 소비자의 오인·혼동을 방지하기 위하여 표시가 필요한 사항으로서 총리령으로 정하는 사항

(16) 기구 및 용기 · 포장의 표시기준

- 제품 재질, 영업소 명칭 및 소재지
- 소비자 안전을 위한 주의사항
- 그 밖에 해당 기구 또는 용기·포장에 대한 소비자의 오인·혼동을 방지하기 위하여 표시가 필요한 사항으로서 총리령으로 정하는 사항

4) 식품안전관리인증기준 제도

(1) 용어의 정의

식품안전관리인증기준(HACCP, Hazard Analysis and Critical Coutral Point)이란, 식품(건강기능식품을 포함)·축산물의 원료관리, 제조·가공, 조리·선별·처리·포장·소분·보관·유통·판매의 모든 과정에서 각 단계별 발생 우려가 있는 위해요소를 규명하고, 중점적인 관리를 위한 중요관리점을 결정하여 체계적이고 효율적으로 관리하는 시스템이다. 즉, 식품의 안전성 확보를 위한 과학적인 위생관리체계라고 할 수 있다.

위해요소(Hazard)

인체의 건강을 해할 우려가 있는 생물학적, 화학적, 또는 물리적 인자나 조건 등을 말한다.

위해요소 분석(Hazard Analysis)

식품·축산물 안전에 영향을 미칠 수 있는 위해요소와 이를 유발할 수 있는 조건이 존재하는지 여부를 판별하기 위하여 필요한 정보를 수집하고 평가하는 과정이다.

중요관리점(Critial Control Point, CCP)

안전관리인증기준(HACCP)을 적용하여 식품·축산물의 위해요소를 예방·제어하거나 허용 수준 이하로 감소시켜 당해 식품·축산물의 안전성을 확보할 수 있는 중요한 단계·공정이다.

한계기준(Critial limit)

중요관리점에서 위해요소관리가 허용 범위 이내로 충분히 이루어지고 있는지 여부를 판단할 수 있는 기준이나 기준치를 말한다.

(2) HACCP 제도의 필요성

- 세계적으로 대규모화되고 있는 식중독 사고 발생에 대한 위해 미생물과 화학물질 등의 제어에 대한 중요성 대두
- 새로운 위해 미생물의 출현
- 환경오염에 의한 원료의 이화학적·미생물학적 오염 증대
- 새로운 기술에 의해 제조되는 식품의 안전성 미확보

- 국제화에 대응한 식품의 안전대책 강화요구(규제기준 조화)
- 규제 완화에 의한 사후관리 강화
- 정부의 효율적 식품위생 감시 및 자율관리 체제 구축에 의한 안전식품 공급
- 식품의 회수제도, 제조물 배상제도 등 소비자 보호정책에 적극적인 대처
- 제조공정에 위해 예방과 관련되는 중요관리점을 실시간 감시하는 시스템으로 발전

(3) HACCP 도입의 효과

- **식품업계 측면** 자주적인 위생관리 체계를 구축할 수 있으며 위생적으로 안전한 식품을 제조할 수 있다. 또한 위생관리를 집중화하고 위생관리 효율성을 증대시키면 회사의 이미지제고와 신뢰성 향상으로 이어져 경제적 이익을 도모할 수 있다.
- **소비자 측면** 위생적으로 안전한 식품을 제공받을 수 있으며 식품을 선택하는 기준으로 삼을 수 있다.

(4) HACCP 7원칙 12절차

준비 단계

- **HACCP 팀 구성** 업장에서 HACCP을 주도적으로 담당할 팀을 구성한다. 팀장은 업소의 최고 책임자가 되는 것을 권장하고, 팀원은 제조·작업 책임자, 공무관계 책임자, 보관 등 물류관리업무 책임자 등으로 구성한다.
- **제품설명서 작성** 업소에서 취급하는 각 식품의 종류, 특성, 원료, 성분, 제조 및 유통 방법 등을 포함하는 제품에 대한 전반적인 취급 내용이 기술되어 있는 제품설명서에는 제품명, 제품 유형 성상, 작성연월일, 성분 배합비율 또는 제조방법, 제조(포장)단위, 완제품의 규격, 보관 및 유통상의 주의사항, 제품용도 및 유통기간, 포장방법 및 재질, 표시사항, 기타 필요한 사항이 포함되어야 한다.
- **제품용도 확인** 섭취방법, 조리가공법, 식품의 원료로 사용되는지 등 예측 가능한 사용방법과 범위, 제품에 포함될 잠재적 위해물질에 민감한 대상 소비자(예: 어린이, 노인, 면역력, 환자 등)를 파악한다.
- **공정흐름도 작성** 원료 입고부터 완제품 출하까지 모든 공정 단계를 파악하여 공정흐름도를 작성한다.
- **공정흐름도 현장 확인** 작성된 공정흐름도 평면도가 실제 작업공정과 일치하는지 여부를 검증해야 한다.

적용 순서

- **원칙 1단계** 식품의 원료, 제조공정 등에 대하여 위해요소 분석을 실시 및 예방책을 명확히 한다.
- **원칙 2단계** 해당 제품의 원료나 공정에 존재하는 잠재적인 위해요소를 관리하기 위한 중점 관리요소를 결정한다(안정성 확보 단계, 공정 결정, 동시 통제).
- **원칙 3단계** 한계기준은 CCP에서 관리되어야 할 생물학적·화학적·물리학적 위해요소를 방지·제거하고 허용 가능한 안전한 수준까지 감소시킬 수 있는 최대치·최소치를 말하며 안전성을 보장할 수 있는 과학적인 근거에 기반하여 설정한다.
- **원칙 4단계** CCP에 해당되는 공정이 한계치를 벗어나지 않고 안정적으로 운영되도록 관리하기 위해 종업원 또는 기계적인 방법으로 수행하는 일련의 관찰 측정수단이다.
- **원칙 5단계** 모니터링 결과 한계치를 벗어날 경우 취해야 할 개선조치방법을 사전에 설정하여 신속한 응급조치가 이루어지도록 한다.
- **원칙 6단계** HACCP 시스템이 설정한 안전성 목표를 달성하기 위해 계획에 따라 효과적으로 실행되는지, 관리계획을 변경할 필요성이 있는지를 확인하기 위한 검증절차를 수립한다.
- **원칙 7단계** HACCP 체계의 필수적인 요소이다. 기록 유지가 없는 HACCP 체계의 운영은 비효율적이며, 운영근거를 확보할 수 없으므로 운영에 대한 기록은 필수적이다.

(5) HACCP 제도를 위한 위생관리 준수사항

작업장은 청결구역과 일반구역으로 분리하여 공정 간 오염을 방지하고, 온도·습도를 관리하며 환기시설·방충·방서를 관리한다. 종업원은 위생복장을 항시 착용하며 개인의 장신구는 착용을 금지하도록 한다. 조리기구, 용기, 앞치마와 고무장갑 등은 식재료의 특성 또는 구역별로 구분하여 교차오염을 방지하도록 하며 해동한 재료를 재냉동하지 않아야 한다. 배수구·배수관 등은 역류되지 않아야 하며, 선별 및 검수구역 작업장 등은 육안 확인이 필요한 조도(540Lux 이상)를 유지하여야 한다. 조리 후 식품을 보관할 때 냉장시설의 내부온도는 5℃ 이하, 냉동시설은 -18℃ 이하로 유지한다.

HACCP의 7원칙 12절차

준비 단계	HACCP 7원칙	
· HACCP 팀구성 · 제품설명서 작성 · 제품용도 확인 · 공정흐름도 작성 · 공정흐름도 현장 확인	· 식품위해요소 분석 · 중요관리점(CCP) 결정 · 중요관리점 한계기준 설정 · CCP 모니터링 체계 확립	· 개선 조치방법 수립 · 검증절차 및 방법 수립 · 문서화, 기록 유지방법 설정

5) 작업환경관리

(1) 작업장
- 독립된 건물, 식품취급 외의 용도로 사용되는 시설과 분리한다.
- 오염물질은 차단하고, 밀폐가능 구조로 한다.
- 청결구역과 일반구역으로 분리, 제품의 특성과 공정에 따라 분리, 구획 구분한다.
- 매장과 주방의 크기는 1 : 1이 이상적이다.

(2) 건물 바닥, 벽, 천장
- 바닥, 벽, 천장 출입문은 창문이 내수성, 내열성, 내약품성, 항균성, 내부식성 등의 재질로 되어 있어야 한다.
- 바닥은 파여 있거나 갈라진 틈 없이 마른 상태를 유지해야 한다.

(3) 배수 및 배관
- 배수가 잘되고 배수구에 퇴적물이 쌓이지 않도록 관리해야 한다.
- 공장 배수관의 최소 내경은 10cm 정도가 좋다.

(4) 출입구
- 출입구에 구역별 복장방법을 게시한다.
- 개인 위생관리를 위한 세척, 건조, 소독설비구비, 작업자는 오염 가능 물질 제거 후 작업한다.

(5) 통로
통로에 물건 적재, 다른 용도 이용 금지, 이동경로 표시한다.

(6) 창
유리 파손 시 남아서 흩어지지 않게 조치한다.

(7) 채광 및 조명
- 자연채광 및 인공조명장치를 이용 밝기 230Lux 이상, 선별 및 검사구역은 540Lux 이상을 유지한다.

- 채광 및 조명시설에는 내부식성 재질을 사용하고, 파손이나 낙하 등의 오염을 방지하기 위한 보호장치를 한다.

(8) 화장실 및 탈의실 등
- 화장실, 탈의실은 환기시설, 화장실벽, 바닥, 천장, 문·내수성, 내부식성 재질을 사용한다.
- 화장실 출입구에는 세척, 건조, 소독 설비 구비한다.
- 탈의실은 외출, 위생복장 간의 교차오염을 방지하기 위해 분리, 구분하여 보관한다.

(9) 동선계획 및 공정 간 오염 방지
- 물류 및 종업원의 이동동선을 설정하고 준수한다.
- 모든 단계에서 혼입될 수 있는 이물에 대한 관리계획을 수립, 준수, 관리한다.
- 청결, 일반구역별 출입, 복장, 세척 소독 기준 등의 위생수칙을 설정·관리한다.

(10) 온도 · 습도 관리
공정별로 온도관리계획을 수립한다. 온도계 설치관리, 필요에 따라서는 습도관리 계획을 수립하고 운영한다.

(11) 환기시설관리
악취나 이취, 유해가스, 매연, 증기 등을 분리할 수 있는 환기시설을 설치한다.

(12) 방충 · 방서 관리
- **흡배기구등에 여과망, 방충망 등 부착** 관리계획에 따라 청소, 세척, 교체 작업을 한다. 해충, 설치류 등의 유입, 번식 방지 관리, 유입 여부를 확인한다.
- **해충, 설치류 등의 구제** 적절한 보호조치 후 실시하여 오염물질을 제거한다.

(13) 세척 또는 소독관리
- 기계·설비, 기구·용기 등을 세척하거나 소독할 수 있는 시설이나 장비를 구비한다.
- 올바른 손 세척방법 등에 대한 지침이나 기준을 제시한다.

6 안전
관리

1) 주방 내 작업안전관리

(1) 인적 요인

- **정서적 요인** 개인의 선천적·후천적 소질 요인으로서 과격한 기질, 신경질, 시력 또는 청력의 결함, 근골박약, 지식 및 기능의 부족, 중독증, 각종 질환 등의 요인이 있다.
- **행동적 요인** 개인의 부주의 또는 무모한 행동에서 나타나는 요인으로 책임자의 지시를 무시한 독단적 행동, 불완전한 동작과 자세, 미숙한 작업방법, 안전장치 등의 점검 소홀, 결함 있는 기계·기구의 사용 등의 요인이 있다.
- **생리적 요인** 체내 에너지 사용이 일정 한도를 넘어 과도하게 행해졌을 때 일어나는 생리적 현상으로 사람이 피로가 누적되면 심적 태도가 교란되고 동작을 세밀하게 제어하지 못하는 실수가 유발되어 사고의 원인이 된다.

(2) 물리적 요인

- 각종 기계, 기구, 시설물 자재의 불량이나 결함
- 안전장치 또는 시설의 미비
- 각종 시설물의 노후화에 의한 붕괴, 화재 등의 요인

(3) 환경적 요인

- **주방의 환경적 요소** 고온다습한 환경으로 피부질환을 유발하고 장화 착용으로 무좀이나 습진 등의 질환이 발생할 수 있다.

- **주방의 물리적 요인** 젖은 상태, 기름기 있는 바닥으로 인한 미끄러짐, 낙상 사고가 발생할 수 있다.
- **주방의 시설요인** 잦은 물 사용으로 누전의 위험이 있고, 이로 인해 신체적 안전에 영향을 끼칠 수 있다.

2) 개인안전 관련 주요 재해 유형

(1) 절단, 찔림과 베임 · 감김 · 끼임

떡을 제조하면서 사용하게 되는 분쇄기, 찜기, 오븐, 절단기, 믹서, 칼 등을 취급하는 과정이나 청소하는 과정에서 발생하는 사고이다. 원·부재료 투입 시 수공구를 사용하지 않고 맨손으로 투입하거나 이물질 제거 또는 기계 청소 시 전원을 차단하지 않고 작업을 수행, 물건을 옮기는 도중 손이나 팔이 끼거나 손수레로 이동 중 주변인의 발목 및 정강이를 치거나 치일 수 있다.

- 주방에서 가장 많이 일어나는 사고
- 칼, 금속기, 유리 파편 등에 의해 발생
- 올바른 조리기구 사용방법을 익히고 작업대를 정리정돈한다.

(2) 화상과 데임

- 뜨거운 액체나 물건, 화염, 일광 등에 의해 발생한다.
- 전기화상이나 화학물질로 인한 경우 심각한 후유증이 남는다.

(3) 미끄러짐, 넘어짐

미끄러지거나 걸려 넘어지는 재해는 가장 흔히 일어난다. 특히 작업장 바닥과 계단에서 가장 빈번하게 일어나는 대표적인 재해 형태로, 작업장 바닥이나 계단을 미끄럽게 만드는 물이나 음식 잔재물, 기름기 등이 주요 원인이 된다. 또한 제품이나 작업 기계·기구를 옮길 때를 비롯하여 청소하는 과정에서 불안정한 작업 자세를 취하면서 발생하는 경우가 많다.

(4) 전기감전 및 누전

부적절한 조리기구 및 전자제품 사용 시 발생한다.

(5) 추락

덤웨이터 고장으로 위층에 도착해 있지 않은 상황에서 문이 열렸을 때 물건을 싣거나 내리려고 무심코 들어가다가 아래로 추락하는 사고이다.

(6) 낙하

적재된 원·부재료나 작업 도구 등이 아래로 떨어지면서 신체에 충격을 가해 일어나는 부상 사고이다.

(7) 충돌

기계·기구 등에 손이나 발 등을 부딪혀서 부상을 당하는 사고이다.

(8) 근·골격계 질환

쌀 등의 원·부재료 운반, 제품 운반, 장시간 반복적인 제조 및 세척 등 신체에 무리를 주는 작업 자세와 중량물 취급, 반복적인 작업 등으로 인해 척추 부상이나 요통 등 근·골격계 질환이 발생할 수 있다.

3) 도구 및 장비류의 안전 점검

(1) 분쇄, 절단기 등 전처리 도구·장비 안전관리

- 작업장의 조명은 220Lux 이상으로 유지한다.
- 바닥의 물기 제거 등 미끄러움 요인을 제거 및 점검한다.
- 스팀장비의 과압, 안전밸트의 이상 유무, 스팀 배출기를 확인한다.
- 가열장비 주위에 소화기를 설치한다.
- 가열 중 가스의 불꽃이 파란색인지 지속적으로 확인한다.
- 작업장에 미끄럼 방지 테이프를 부착한다.

- 한 개의 콘센트에 여러 개의 플러그를 꽂지 않는다.
- 가열기구를 사용하기 전에 창문을 열어 작업장을 환기시킨다.
- 장비 각 부분의 작동 이상(이상음 등) 여부를 확인한다.
- 투입구에 이물질이나 손상 부위가 없는지를 확인한다.
- 비상 정지 스위치가 작동하는지 확인한다.
- 회전하는 칼날에 장갑 등이 말려들어가지 않도록 복장 착용상태를 확인한다.
- 작업장 주위 바닥에 물이 방치되어 작업자가 미끄러져 다칠 위험이 없도록 주기적으로 청소하고 배수시설을 점검한다.
- 개인 보호 장구(보안경, 작업모, 작업화, 작업복, 작업장갑 등)의 착용 및 복장을 정리한다.

(2) 반죽기, 성형기 등 제조 도구 · 장비 취급 시 안전 관리 파악
- 작업장 내 충분한 조명(220Lux 이상)을 유지하고 주위를 잘 정리 정돈한다.
- 개인 보호 장구(보안경, 작업모, 작업화, 작업복 등)를 착용하고 복장을 단정히 한다.
- 장비와 작업대가 바닥면에 고정되었는지 확인한다.
- 장비 각 부분의 작동 이상(이상음 등) 여부를 확인한다.
- 절연 피복이 손상됐을 경우 즉시 절연 조치를 취한다.
- 미끄러짐 등의 위험이 없도록 작업장 주변을 잘 정리·정돈한다.

(3) 찜기, 튀김기, 오븐 등 가열 도구 · 장비의 취급 시 안전 관리 파악
- 작업장 내 충분한 조명(220Lux 이상)을 유지하고 주위를 잘 정리·정돈한다.
- 가스 사용 장비를 사용하기 전에 창문을 열어 충분히 환기시킨다.
- 가스가 누출되지 않았는지 먼저 냄새로 확인한다.
- 가스 가열 장비 주위에 가연성 물질을 두지 않는다.
- 배관 부식상태, 가스 누설 경보기 작동 여부, 밸브, 접속부 등의 가스 누출 여부를 수시로 점검한다. LPG는 바닥으로부터, 도시가스 LNG는 천장으로부터 냄새를 맡는다.
- 불꽃 구멍에 재료 찌꺼기가 남아 있지 않도록 청결하게 유지한다.
- 스팀(증기) 사용 장비의 경우 스팀의 과압 발생 시 이상 압력을 방출시킬 수 있는 안전 밸브의 이상 유무 및 봉인상태를 확인하고 안전밸브 후단 배출구의 방향이 안전한지 확인한다.
- 스팀 사용 장비는 정비를 철저히 하여 스팀 누설을 방지하고 기기 상부에 설치된 스팀 배출기로 스팀이 전량 배출되도록 조치한다.

- 전기 사용 장비는 접지를 하고 전원 측에 누전 차단기를 설치한 후 작동 여부를 점검한다.

(4) 도구 및 설비의 고장 및 안전 관리 상태 점검 및 조치 실시

- 작업자는 다음 내용이 포함된 장비별 안전관리 점검표에 따라 고장 및 안전관리상태를 매일 점검하여 기록·관리한다.
- 점검일자, 점검자(승인자), 안전관리상태(가스, 전기, 식용유), 개선 조치사항, 특이사항 등을 기록한다.
- 작업자는 점검한 결과 이상 사항의 발생한 경우 우선적 조치를 취하고 책임자에게 보고한다.
- 책임자는 이상 사항을 확인하고 직접 조치하거나 해당 부서에 조치를 지시한다. 작업자는 조치를 취하고 결과를 기록·관리한다.

PART 2

떡 제조 실기

1
콩설기떡, 부꾸미

부꾸미

콩설기떡

요구사항

※ 지급된 재료 및 시설을 사용하여 아래 두 가지 작품을 만들어 제출하시오.

1.1 콩설기떡을 만들어 제출하시오.

① 떡 제조 시 물의 양은 적정량으로 혼합하여 제조하시오(단, 쌀가루는 물에 불려 소금 간하지 않고 2회 빻은 쌀가루이다).
② 불린 서리태를 삶거나 쪄서 사용하시오.
③ 서리태의 1/2 정도는 바닥에 골고루 펴 넣으시오.
④ 서리태의 나머지 1/2 정도는 멥쌀가루와 골고루 혼합하여 찜기에 안치시오.
⑤ 찜기에 안친 쌀가루 반죽을 물솥에 얹어 찌시오.
⑥ 서리태를 바닥에 골고루 펴 넣은 면이 위로 오도록 그릇에 담고, 썰지 않은 상태로 전량 제출하시오.

재료명	비율(%)	무게(g)
멥쌀가루	100	700
설탕	10	70
소금	1	7
물	–	적정량
불린 서리태	–	160

1.2 부꾸미를 만들어 제출하시오.

① 떡 제조 시 물의 양을 적정량으로 혼합하여 반죽하시오(단, 쌀가루는 물에 불려 소금 간하지 않고 1회 빻은 찹쌀가루이다).
② 찹쌀가루는 익반죽하시오.
③ 떡반죽은 직경 6cm로 지져 팥앙금을 소로 넣어 반(⬤)으로 접으시오.
④ 대추와 쑥갓을 고명으로 사용하고 설탕을 뿌린 접시에 부꾸미를 담으시오.
⑤ 부꾸미는 12개 이상으로 제조하여 전량 제출하시오.

재료명	비율(%)	무게(g)	재료명	비율(%)	무게(g)
찹쌀가루	100	200	팥앙금	–	100
백설탕	15	30	대추	–	3(개)
소금	1	2	쑥갓	–	20
물	–	적정량	식용유	–	20mL

콩설기떡

재료 및 분량

멥쌀가루 700g, 소금 7g, 물 7~8큰술(105~120g), 설탕 70g, 불린 서리태 160g

만드는 방법

1. 불린 서리태 삶기

① 불린 서리태를 냄비에 넣고 물이 콩 위로 3cm 정도 올라오게 넣어 센불로 끓인다.

② 물이 끓어오르면 거품을 걷어 내고 중불로 줄여 10~15분간 삶아 건진다.

불린 서리태 삶기

2. 쌀가루에 소금 간하기 및 물 내리기

① 물 100g에 소금을 넣고 녹여 멥쌀가루에 섞는다.

② 멥쌀가루를 비벼 섞어 소금물이 고루 가게 한 후 중간체에 내린다.

③ 쌀가루의 수분량을 점검한 후 수분이 부족하면 물을 더 넣고 섞어 다시 한 번 체에 내린다.

Tip 물을 넣지 않고 빻은 쌀가루의 경우 멥쌀가루 700g에 110~120g 정도의 수분이 적절하나 쌀가루의 상태에 따라 조절이 필요하다.
멥쌀가루가 눈에 띄게 거칠 경우(종이처럼 눌린 쌀가루가 많이 보일 경우) 중간체에 내린 후 계량해서 사용하면 좋다.

물에 소금 녹이기

쌀가루에 소금물과 나머지 물 섞기

손으로 비벼 물 골고루 섞기

체에 내리기

3. 안치기

① 삶은 서리태에 소금 간을 한 후 반으로 나눈다.
② 찜기에 시루밑을 깔고 소금 간한 서리태의 반을 고루 펴놓는다.
③ 멥쌀가루에 설탕과 남은 서리태를 섞어 찜기에 넣고 편편하게 안친다.

소금 간하기

서리태 고루 펴놓기

안치기

4. 찌기

물통에 물이 끓으면 떡이 안쳐진 찜기를 올려 김이 새는지 확인하며 약 20분간 찌고(떡이 익을 때까지), 약불로 줄여 5분간 뜸을 들인다.

Tip 물통과 찜기 사이에서 김이 새면 젖은 키친타월로 막고 찐다.

5. 꺼내기

① 찜기를 살짝 기울여 찜기 옆면과 떡이 떨어졌는지 확인한다.
② 찜기에 제출용 그릇을 뚜껑처럼 덮고 뒤집어서 떡을 꺼내고 시루밑을 떼어낸다.

접시 올리기

뒤집기

실리콘 시루밑 제거

부꾸미

재료 및 분량

찹쌀가루 200g, 소금 2g, 끓는 물 4~5큰술, 설탕 30g
팥앙금 100g, 대추 3개, 쑥갓 20g, 식용유 20mL

만드는 방법

1. 소금 간하기 및 반죽하기

① 찹쌀가루는 중간체에 한 번 내린다.

② 소금에 끓는 물 1큰술을 넣고 소금물을 만들어 쌀가루에 고루 섞는다.

③ 끓는 물(3~4큰술)을 넣어가며 되직하게 반죽하여 한 덩어리로 뭉쳐지면 손바닥으로 치대면서 반죽한다.

체에 내리기

끓는 물로 소금 녹이기

끓는 물 넣기

치대며 반죽하기

2. 성형하기

① 찹쌀반죽의 무게를 재서 12개(개당 18~20g 정도)로 분할한다.

Tip 반죽이 마르지 않게 비닐이나 젖은 면포로 덮으면서 한다.

② 반죽을 두께 5mm의 납작한 타원형(⬬)으로 빚는다.

반죽 분할하기

타원형으로 빚기

3. 부재료 준비하기

① 팥앙금: 7~8g으로 분할하여 원통형으로 빚는다.

② 대추: 껍질 쪽만 얇게 벗겨 돌돌 말고 얇게 잘라 대추꽃을 만든다.

③ 쑥갓: 끝부분을 자르고 물에 담갔다가 젖은 키친타월을 깔아 마르지 않게 준비한다.

팥앙금 분할하기

고명 준비하기

4. 부꾸미 지져 성형하기

① 평평한 접시에 설탕을 뿌려 준비한다.

② 팬에 기름을 두르고 부꾸미를 올려 표면이 마르지 않도록 약한 불에 자주 뒤집어가며 지진다.

③ 부꾸미가 다 익으면 매끄러운 면이 설탕을 뿌린 접시에 닿도록 꺼낸다.

④ 익은 부꾸미 반죽에 팥앙금을 넣고 반을 접어 반달 모양(◖)으로 완성한다.

⑤ 부꾸미가 식기 전에 대추꽃과 쑥갓 고명을 올린다.

⑥ 설탕을 뿌린 접시에 부꾸미를 담는다.

접시에 설탕 뿌리기

지지기

팥앙금 넣고 접기

고명 올리기

반죽을 빚어서 내려놓기 전에 접시에 기름을 가볍게 바르면, 반죽이 접시에 달라붙는 것을 방지할 수 있다.

2
송편, 쇠머리떡

| 시험시간 | **2시간** |

쇠머리떡

송편

※ 지급된 재료 및 시설을 사용하여 아래 두 가지 작품을 만들어 제출하시오.

2.1 송편을 만들어 제출하시오.

① 떡 제조 시 물의 양은 적정량으로 혼합하여 제조하시오(단, 쌀가루는 물에 불려 소금 간하지 않고 2회 빻은 쌀가루이다).

② 불린 서리태는 삶아서 송편소로 사용하시오.

③ 떡반죽과 송편소는 4:1~3:1 정도의 비율로 제조하시오(송편소가 1/4~1/3 정도 포함되어야 한다).

④ 쌀가루는 익반죽하시오.

⑤ 송편은 완성된 상태가 길이 5cm, 높이 3cm 정도의 반달 송편 모양(◓)이 되도록 오므려 집어 송편 모양을 만들고, 12개 이상으로 제조하여 전량 제출하시오.

⑥ 송편을 찜기에 쪄서 참기름을 발라 제출하시오.

재료명	비율(%)	무게(g)	재료명	비율(%)	무게(g)
멥쌀가루	100	200	불린 서리태	–	70
소금	1	2	참기름	–	적정량
물	–	적정량			

2.2 쇠머리떡을 만들어 제출하시오.

① 떡 제조 시 물의 양은 적정량을 혼합하여 제조하시오(단, 쌀가루는 물에 불려 소금 간하지 않고 1회 빻은 찹쌀가루이다).

② 불린 서리태는 삶거나 쪄서 사용하고, 호박고지는 물에 불려서 사용하시오.

③ 밤, 대추, 호박고지는 적당한 크기로 잘라서 사용하시오.

④ 부재료를 쌀가루와 잘 섞어 혼합한 후 찜기에 안치시오.

⑤ 떡반죽을 넣은 찜기를 물솥에 얹어 찌시오.

⑥ 완성된 쇠머리떡은 15×15cm 정도의 사각형 모양으로 만들어 자르지 말고 전량 제출하시오.

⑦ 찌는 찰떡류로 제조하며, 지나치게 물을 많이 넣어 치지 않도록 주의하여 제조하시오.

재료명	비율(%)	무게(g)	재료명	비율(%)	무게(g)
찹쌀가루	100	500	대추	–	5(개)
설탕	10	50	깐밤	–	5(개)
소금	1	5	마른 호박고지	–	20
물	–	적정량	식용유	–	적정량
불린 서리태	–	100			

2.1
송편

재료 및 분량

멥쌀가루 200g, 소금 2g, 끓는 물 5~6큰술, 불린 서리태 70g, 참기름 적
정량

만드는 방법

1. 서리태 삶기

① 불린 서리태를 냄비에 넣고 물이 콩 위로 3cm 정도 올라오게 넣어 센불로 끓인다.

② 물이 끓어오르면 거품을 걷어 내고 중불로 줄여 10~15분간 삶아 건진다.

③ 삶은 콩에 소금을 조금 넣고 섞어 간을 한다.

불린 서리태 삶기

소금 간하기

2. 쌀가루에 소금 간하기 및 반죽하기

① 멥쌀가루는 중간체에 한 번 내린다.

② 소금에 끓는 물 1큰술을 넣어 녹인 후 멥쌀가루에 넣는다.

③ 나머지 끓는 물 4~5큰술을 넣어 젓가락으로 섞은 후 반죽한다.

체에 내리기

끓는 물을 덜어 소금 녹이기

쌀가루에 끓는 물 넣기

치대며 반죽하기

3. 성형하기

① 반죽을 12개(개당 18〜20g)로 분할한다.
② 동그란 반죽을 오목하게 파고 소금 간한 콩을 5개 정도 넣고 오므려 반달 송편 모양(◇)으로 성형한다.

반죽 분할하기

콩 분할하기

반달 모양으로 빚기

4. 찌기

① 찜기에 시루밑을 깔고 송편이 서로 닿지 않게 안친다.
② 물통에 물이 끓으면 떡이 안쳐진 찜기를 올려 김이 새는지 확인하며 떡이 15〜20분 정도 익을 때까지 찌고 약불로 줄여 5분간 뜸들인다.

안치기

찌기

5. 꺼내기

기름솔을 이용하여 송편에 참기름을 바른다.

참기름 바르기

2.2
쇠머리떡

재료 및 분량

찹쌀가루 500g, 소금 5g, 물 2큰술(30g), 설탕 50g
불린 서리태 100g, 대추 5개, 깐 밤 5개, 마른 호박고지 20g, 식용유 적정량

만드는 방법

1. 부재료 준비하기

(1) 불린 서리태 삶기

① 불린 서리태를 냄비에 넣고 물이 콩 위로 3cm 정도 올라오게 넣
  어 센불로 끓인다.
② 물이 끓어오르면 거품을 걷어 내고 중불로 줄여 10~15분간 삶아
  건진다.

불린 서리태 삶기

(2) 마른 호박고지 불리기

① 마른 호박고지를 미지근한 물에 담근다(5~10분).
② 불은 호박고지를 꼭 짜 물기를 제거하고 2~3cm로 자른다.

호박고지 불리기

(3) 대추 준비하기

① 대추를 씻어 물기를 제거하고 돌려 깎아 씨를 빼고 3~4등분으로
  자른다.
② 자른 대추를 물에 잠깐 담갔다가 건진다.

(4) 깐 밤 준비하기

① 깐 밤은 씻어 물기를 제거한다.
② 깐 밤 두 개는 둥근 모양대로 편 썰고 나머지는 크기에 따라 4~6
  등분으로 썬다.

대추, 밤 준비하기

2. 찹쌀가루에 소금 간하기 및 물 내리기

① 물 2큰술(30g)에 소금을 넣고 녹여 찹쌀가루에 섞는다.
② 찹쌀가루를 손으로 골고루 비벼 소금물이 고루 가게 한 후 중간체에 내린다.

소금 녹이기   체에 내리기

3. 안치기

① 찹쌀가루에 부재료와 설탕을 넣고 고루 섞는다.
② 찜기에 젖은 면포를 깔고 설탕을 살짝 뿌린 후 편으로 썬 밤과 부재료 일부를 바닥에 깔고 부재료 섞은 쌀가루를 주먹으로 쥐어 덩어리지게 안친다.

면포 깔고 설탕 뿌리기   재료 깔기   안치기

4. 찌기

물통에 물이 끓으면 떡이 안쳐진 찜기를 올려 김이 새는지 확인하고 쌀가루 위에 고루 김이 오른 후 30분간 찌고 약불로 줄여 5분간 뜸들인다.

5. 꺼내기 및 성형

① 비닐에 식용유를 발라 식용유 바른 면이 떡에 닿도록 덮고 넓은 그릇으로 덮어 뒤집은 후 면포를 떼어낸다.

Tip 식용유를 너무 많이 바르면 떡이 미끄러져서 성형하기가 어렵다.

② 비닐로 떡을 가두고 밀어 가로세로 15cm 크기로 성형하여 식힌다.

Tip 스크레이퍼의 길이가 15cm 정도이므로, 이것으로 사이즈를 가늠하며 모양을 잡는다.

③ 떡이 다 식으면 비닐을 벗겨 그릇에 담는다.

식용유 바르기

비닐에 넣어 모양 잡기

──────── P O I N T ────────

떡에 기름을 바를 때 식용유 대신 참기름(송편 재료)을 사용하지 않도록 주의한다. 다른 품목의 재료 사용은 감점의 요인이 될 수 있다.

3
무지개떡(삼색), 경단

경단

무지개떡(삼색)

※ 지급된 재료 및 시설을 사용하여 아래 두 가지 작품을 만들어 제출하시오.

3.1 무지개떡(삼색)을 만들어 제출하시오.

① 떡 제조 시 물의 양은 적정량으로 혼합하여 제조하시오(단, 쌀가루는 물에 불려 소금 간하지 않고 2회 빻은 멥쌀가루이다).

② 삼색의 구분이 뚜렷하고 두께가 같도록 떡을 안치고 8등분으로 칼금을 넣으시오.

삼색 구분, 두께 균등   8등분 칼금

③ 대추와 잣을 흰쌀가루에 고명으로 올려 찌시오(잣은 반으로 쪼개어 비늘잣으로 만들어 사용하시오).

④ 고명이 위로 올라오게 담아 전량 제출하시오.

재료명	비율(%)	무게(g)	재료명	비율(%)	무게(g)
멥쌀가루	100	750	치자	–	1(개)
설탕	10	75	쑥가루	–	3
소금	1	8	대추	–	3(개)
물	–	적정량	잣	–	3

3.2 경단을 만들어 제출하시오.

① 떡 제조 시 물을 적정량으로 혼합하여 반죽을 하시오(단, 쌀가루는 물에 불려 소금간하지 않고 1회 빻은 쌀가루이다).

② 찹쌀가루는 익반죽하시오.

③ 반죽은 직경 2.5~3cm 정도의 일정한 크기로 20개 이상 만드시오.

④ 경단은 삶은 후 고물로 콩가루를 묻히시오.

⑤ 완성된 경단은 전량 제출하시오.

재료명	비율(%)	무게(g)
찹쌀가루	100	200
소금	1	2
물	–	적정량
볶은 콩가루	–	50

무지개떡(삼색)

재료 및 분량

흰색 멥쌀가루 250g, 소금 2.5g, 물 3~4큰술(45~60g), 설탕 25g

노란색 멥쌀가루 250g, 소금 2.5g, 물 1~2큰술(15~30g), 설탕 25g, 치자물 2큰술(물 1/4컵+치자 1개를 쪼개서 불린 물)

초록색 멥쌀가루 250g, 소금 2.5g, 물 3~4큰술(45~60g), 쑥가루 3g, 설탕 25g

고명 대추 2개, 잣 1작은술

만드는 방법

1. 치자물 내기

치자는 반으로 쪼개어 뜨거운 물 1/4컵에 10분 정도 우려 체에 거른다.

치자 우리기

2. 고명 만들기

① 대추는 껍질 부분만 돌려 깎아 밀대로 밀어 얇게 펴준 다음 1개는 돌돌 말아 얇게 잘라 꽃모양으로 만들고 1개는 곱게 채썬다.

② 잣은 길이로 잘라 비늘잣을 만든다.

고명 준비하기

3. 쌀가루 삼등분하여 색 내어 물 주기

① 멥쌀가루는 250g씩 3등분한다.

② 분량의 물과 소금을 섞어 소금물을 만든다.

③ 각각의 쌀가루에 치자물, 쑥가루를 섞은 후 소금물을 넣어 잘 섞어 체에 내린다. 흰색은 쌀가루에 소금물만 섞어 체에 내린다.

구분	흰색	노란색	쑥색
쌀가루	250g	250g	250g
색을 내는 재료	–	치자물 2큰술(30g)	쑥가루 3g
소금물	소금 2.5g + 물 3큰술	소금 2.5g + 물 1큰술	소금 2.5g + 물 3½큰술
설탕	25g	25g	25g

※ 쌀가루 상태에 따라 물의 양을 조절한다.

Tip 체에 내리는 순서는 흰색–노란색–쑥가루로 한다. 멥쌀가루가 눈에 띄게 거칠 경우(종이처럼 눌린 쌀가루가 많이 보일 경우) 중간체에 내린 후 계량해서 사용하면 좋다.

④ 체에 내린 쌀가루에 설탕을 넣어 잘 섞는다.

색 내기

물의 양 조절하기

4. 안치기

찜기에 시루밑을 깔고 쑥쌀가루, 치자쌀가루, 흰쌀가루 순서로 가볍게 펴서 편편하게 안친다.

Tip 무지개떡 찜기는 내경 높이가 7.5cm 이상이어야 하며 호떡 누르개를 이용하면 고르게 안칠 수 있다.

안치기

호떡 누르개로 고르게 하기

5. 칼금 주고 고명 올리기

① 대나무 찜기에 안친 무지개떡을 찜기에 올려 익히기 전에 얇은 칼을 이용해 방사형으로 8등분 칼금을 넣는다.

② 칼금을 넣은 떡 위에 준비한 고명을 이용하여 장식한다.

칼금 넣기   고명 올리기

6. 찌기

물통에 물이 끓으면 떡이 안쳐진 대나무 찜기를 올려 김이 새는지 확인하고 김이 오른 후 20분간 찌고 약불로 줄여 5분간 뜸들인다.

7. 꺼내기

① 찜기를 살짝 기울여 찜기 옆면과 떡이 떨어졌는지 확인한다.
② 넓고 편편한 그릇을 뚜껑처럼 덮고 뒤집어 떡을 꺼내고 시루밑을 떼어낸다.
③ 제출용 그릇을 떡에 덮고 다시 뒤집어 담는다.

접시 올리기   뒤집기   실리콘 시루밑 제거

3.2
경단

재료 및 분량

찹쌀가루 200g, 소금 2g, 끓는 물 4~5큰술, 볶은 콩가루 50g

만드는 방법

1. 소금 간하기 및 반죽하기

① 찹쌀가루는 중간체에 한 번 내린다.

② 소금에 끓는 물 1큰술을 넣고 소금물을 만들어 쌀가루에 고루 섞는다.

③ 끓는 물(3~4큰술)을 넣어가며 되직하게 반죽하여 한 덩어리로 뭉쳐지면 손바닥으로 치대면서 반죽한다. 오랫동안 반죽해야 매끄럽고 차진 경단을 만들 수 있다.

Tip 시험장에서 지급된 쌀가루의 상태에 따라 끓는 물의 양을 조절한다.

체에 내리기

끓는 물을 덜어 소금 녹이기

쌀가루에 끓는 물 넣기

치대며 반죽하기

2. 성형하기

경단 반죽을 길게 밀어 약 11~12g 정도로 20개 이상 분할하여 동그랗게 만든다.

반죽 분할하기

빚기

3. 삶기

냄비에 넉넉한 물(10컵 이상)을 넣고 끓어오르면 경단을 넣고 바닥에 붙지 않도록 한 번 저어준다. 경단이 떠오르면 중불로 줄이고 찬물 1/2컵을 넣고 끓어오르면 다시 찬물 1/2컵을 넣고 삶는다. 경단이 잘 익을 때까지는 끓는 물에서 4분 30초 정도가 소요된다.

삶기

찬물 넣기

4. 냉각하기

익은 경단을 건져 차가운 물에 담가 중심부까지 완전히 식을 수 있게 찬물을 2~3회 바꿔주며 식힌다.

냉각하기

5. 고물 묻히고 그릇에 담기

경단을 건져 물기를 제거하고 볶은 콩가루에 굴려 고물을 묻힌 후 그릇에 담는다.

물기 제거하기

고물 묻히기

── P O I N T ──

덜 익은 경단은 속에 하얀 반죽이 남아 있고 잘랐을 때 구멍이 보인다.

덜 익은 경단   익은 경단

4
백편, 인절미

인절미

백편

※ **지급된 재료 및 시설을 사용하여 아래 두 가지 작품을 만들어 제출하시오.**

4.1 백편을 만들어 제출하시오.

① 떡 제조 시 물의 양은 적정량으로 혼합하여 제조하시오(단, 쌀가루는 물에 불려 소금 간하지 않고 2회 빻은 멥쌀가루이다).

② 밤, 대추는 곱게 채 썰어 사용하고 잣은 반으로 쪼개어 비늘잣으로 만들어 사용하시오.

③ 쌀가루를 찜기에 안치고 윗면에만 밤, 대추, 잣을 고물로 올려 찌시오.

④ 고물을 올린 면이 위로 오도록 그릇에 담고 썰지 않은 상태로 전량 제출하시오.

재료명	비율(%)	무게(g)	재료명	비율(%)	무게(g)
멥쌀가루	100	500	깐 밤	–	3(개)
설탕	10	50	대추	–	5(개)
소금	1	5	잣	–	2
물	–	적정량			

4.2 인절미를 만들어 제출하시오.

① 떡 제조 시 물의 양을 적정량으로 혼합하여 제조하시오(단, 쌀가루는 물에 불려 소금 간하지 않고 1회 빻은 찹쌀가루이다).

② 익힌 찹쌀반죽은 스테인리스볼과 절굿공이(밀대)를 이용하여 소금물을 묻혀 치시오.

③ 친 떡은 기름 바른 비닐에 넣어 두께 2cm 이상으로 성형하여 식히시오.

④ 4×2×2cm 크기로 인절미를 24개 이상 제조하여 콩가루를 고물로 묻혀 전량 제출하시오.

재료명	비율(%)	무게(g)	재료명	비율(%)	무게(g)
찹쌀가루	100	500	볶은 콩가루	12	60
설탕	10	50	식용유	–	5
소금	1	5	소금물용 소금	–	5
물	–	적정량			

재료 및 분량

멥쌀가루 500g, 소금 5g, 물 5~6큰술(80~95g)
설탕 50g, 깐 밤 3개, 대추 5개, 잣 2g

만드는 방법

1. 소금 간하기 및 물 내리기

① 물 70g에 소금을 넣어 녹인 후 멥쌀가루에 넣어 고루 섞어 중간체
   에 내린다.
② 쌀가루의 수분량을 점검하며 1~2큰술의 물을 더 주어 중간체에
   내린다.

Tip 멥쌀가루가 눈에 띄게 거칠 경우(종이처럼 눌린 쌀가루 가 많이 보일 경
      우) 중간체에 내린 후 계량해서 사용하면 좋다.

물에 소금 녹이기

쌀가루에 소금물과 나머지 물 넣기

손으로 비벼 고루 섞기

체에 내리기

2. 고물 준비하기

① 깐 밤: 밤을 씻어 물기를 제거한 후 가늘게 채 썬다.
② 대추: 대추를 씻어 물기를 제거하고 껍질 쪽만 얇게 벗겨 밀대로 밀어준 후 가늘게 채 썬다.
③ 잣: 잣을 길이로 잘라 비늘잣을 만든다.

밤과 대추 채 썰기

대추 껍질 밀대로 밀기

비늘잣 만들기

3. 안치기

① 멥쌀가루에 설탕을 섞고 시루밑을 깐 찜기에 편편하게 안친다.

② 채 썬 밤과 채 썬 대추를 고루 섞어 멥쌀가루 위에 뿌린다.

③ 밤·대추 고물이 빈 곳에 비늘잣을 놓는다.

편편하게 안치기　　　　　고물 뿌리기　　　　　비늘잣 놓기

4. 찌기

물통에 물이 끓으면 떡이 안쳐진 찜기를 올려 김이 새는지 확인하고 김이 오른 후 20분 찌고 약불로 줄여서 5분간 뜸들인다.

5. 꺼내기

① 찜기를 살짝 기울여 찜기 옆면과 떡이 떨어졌는지 확인한다.

② 넓고 편편한 그릇을 뚜껑처럼 덮고 뒤집어 떡을 꺼내고 시루밑을 떼어낸다.

③ 제출용 그릇을 떡에 덮고 다시 뒤집어 담는다.

접시 올리기　　　　　뒤집기　　　　　실리콘 시루밑 제거

인절미

재료 및 분량

찹쌀가루 500g, 소금 5g, 물 3큰술(45g)
설탕 50g, 볶은 노란콩가루 60g

만드는 방법

1. 찹쌀가루에 물 주기

물 3큰술(45g)에 소금 5g을 섞어 소금물을 만들어 찹쌀가루에 넣고 잘 섞는다.

Tip 인절미를 대량으로 제조할 때는 체에 내리지 않지만, 시험장에서는 소금이 잘 섞이게끔 체에 한 번 내려주는 것도 좋다.

소금 녹이기

체에 내리기

2. 안치기

① 찹쌀가루에 설탕을 넣어 고루 섞는다.

② 찜통에 젖은 면포를 깔고 설탕을 살짝 뿌린다.

③ 쌀가루를 주먹 쥐어 덩어리지게 안친다.

면포 깔고 설탕 뿌리기

안치기

3. 찌기

물통에 물이 끓으면 떡이 안쳐진 찜기를 올려 김이 새는지 확인하고 쌀가루 위에 고루 김이 오른 후 20분간
찌고 약불로 줄여 5분간 뜸들인다.

4. 치기

① 물 1컵에 소금 1작은술을 섞어 소금물을 만든다.

② 적당한 크기로 자른 비닐에 기름을 발라 준비한다.

③ 스테인리스볼에 소금물을 바르고 익은 찹쌀반죽을 넣어 절굿공이에 소금물을 적셔가며 쳐준다. 소금물을 적셔가며 쳐야 떡이 붙지 않는다.

Tip 투명한 떡이 하얗게 될 때까지 펀칭한다.

스테인리스볼과 절굿공이에 소금물 바르기

④ 기름 바른 비닐에 친 떡을 넣고 두께 2cm 이상의 사각형으로 만들어 식힌다.

Tip 기름을 너무 많이 바르면 떡이 미끄러져서 성형하기가 어렵다.

펀칭하기

비닐에 식용유 바르기

비닐에 넣고 모양 잡기

5. 잘라 고물 묻히기

① 식은 인절미는 스크레이퍼에 기름을 발라 4cm 폭으로 길게 자른다.

② 자른 인절미에 고물을 전체적으로 묻힌 후 다시 2cm 폭으로 잘라 고물을 한 번 더 묻힌다.

③ 고물을 묻힌 인절미는 제출용 접시에 24개 이상 나란히 붙여 담아야 인절미가 늘어지지 않고 모양이 잡힌다.

Tip 뜨거울 때 고물을 묻히면 표면이 쉽게 말라 고물이 잘 묻지 않는다.

떡 자르기

자른 인절미에 고물 바르고 다시 자르기

고물 묻쳐 담기

익은 떡은 물솥에서 바로 꺼내서 면포와 분리시킨다. 시간이 흐르면 면포에서 떡이 잘 떨어지지 않는다.

5
흑임자시루떡, 개피떡(바람떡)

개피떡(바람떡)

흑임자시루떡

※ 지급된 재료 및 시설을 사용하여 아래 두 가지 작품을 만들어 제출하시오.

5.1 흑임자시루떡을 만들어 제출하시오.

① 떡 제조 시 물의 양은 적정량으로 혼합하여 제조하시오(단, 쌀가루는 물에 불려 소금 간하지 않고 1회 빻은 쌀가루이다).
② 흑임자는 씻어 일어 이물이 없게 하고 타지 않게 볶아 소금 간하여 빻아서 고물로 사용하시오.
③ 찹쌀가루 위 · 아래에 흑임자 고물을 이용하여 찜기에 한 켜로 안치시오.
④ 찜기에 안쳐 물솥에 얹어 찌시오.
⑤ 썰지 않은 상태로 전량 제출하시오.

재료명	비율(%)	무게(g)	재료명	비율(%)	무게(g)
찹쌀가루	100	400	소금(고물)	–	적정량
설탕	10	40	물	–	적정량
소금(쌀가루 반죽)	1	4	흑임자	27.5	110

5.2 개피떡(바람떡)을 만들어 제출하시오.

① 떡 제조 시 물의 양을 적정량으로 혼합하여 반죽을 하시오(단, 쌀가루는 물에 불려 소금 간하지 않고 2회 빻은 멥쌀가루이다).
② 익힌 멥쌀반죽은 치대어 떡반죽을 만들고 떡이 붙지 않게 고체유를 바르면서 제조하시오.
③ 떡반죽은 두께 4~5mm 정도로 밀어 팥앙금을 소로 넣어 원형틀(직경 5.5cm 정도)을 이용하여 반달 모양(◖)으로 찍어 모양을 만드시오.
④ 개피떡은 12개 이상으로 제조하여 참기름을 발라 제출하시오.

재료명	비율(%)	무게(g)	재료명	비율(%)	무게(g)
멥쌀가루	100	300	참기름	–	적정량
소금	1	3	고체유	–	5g
물	–	적정량	설탕	–	10g (찔 때 필요시 사용)
팥앙금	66	200			

흑임자시루떡

재료 및 분량

찹쌀가루 400g, 소금 4g, 설탕 40g
물 3~4큰술(45~60g), 흑임자 110g, 소금 적정량

만드는 방법

1. 흑임자 고물 만들기

① 흑임자는 돌 없이 씻어 일어 타지 않게 볶는다.
② 볶은 깨를 식혀 소금을 넣고 절구와 절굿공이를 이용하여 고물을
   만든다.

Tip 흑임자 고물 빻기 전후 비교 사진

흑임자 일기

흑임자 볶기

절굿공이로 빻기

2. 소금 간하기 및 물 내리기

① 물 45g에 소금을 넣어 녹인 후 찹쌀가루에 넣어 고루 섞어 중간체에 내린다.
② 찹쌀가루의 수분량을 점검하며 1큰술의 물을 더 주어 중간체에 내린다.

물에 소금 녹이기

찹쌀가루에 소금물과 나머지 물 넣기

손으로 비벼 물 골고루 섞기

체에 내리기

3. 안치기

① 시루밑을 깐 찜기에 1/2 정도의 흑임자 고물을 고루 깐다.

② 체에 내린 쌀가루에 설탕을 섞고 고물 위로 편편하게 안친다.

③ 나머지 흑임자 고물을 고루 뿌린다.

고물 깔기

편편하게 안치기

나머지 고물 뿌리기

4. 찌기

물통에 물이 끓으면 떡이 안쳐진 찜기를 올려 김이 새는지 확인하고 김이 오른 후 30분간 찌고 약불로 줄여서 5분간 뜸들인다.

5. 꺼내기

① 젓가락으로 찜기 테두리를 따라 돌려 옆면과 떡을 떨어뜨린다.

② 넓고 편편한 그릇을 뚜껑처럼 덮고 뒤집어 떡을 꺼내고 시루밑을 떼어낸다.

③ 고물을 다듬고 썰지 않은 상태로 전량 제출한다.

젓가락으로 테두리 두르기

뒤집어 꺼내기(접시올림)

뒤집어 꺼내기(뒤집는 모습)

시루밑 제거

개피떡(바람떡)

재료 및 분량

멥쌀가루 300g, 소금 3g, 물 7〜8큰술(105〜120g)
팥앙금 200g, 고체유 5g, 참기름 적정량

만드는 방법

1. 소금 간하기 및 물주기

① 물 50g에 소금을 넣어 녹인 후 멥쌀가루에 넣어 고루 섞어 중간체에 내린다.
② 쌀가루의 수분량을 점검하며 3〜4큰술(45〜60g)의 물을 더 주어 고루 섞는다.

물에 소금 녹이기

쌀가루에 소금물과 나머지 물 넣기

손으로 비벼 섞기
(충분한 물이 들어간 쌀가루 모습)

Tip 개피떡은 물을 많이 넣는 떡으로, 필요한 물을 모두 한번에 넣으면 쌀가루가 덩어리져 체에 내리기 어렵다.
Tip 멥쌀가루가 눈에 띄게 거칠 경우(종이처럼 눌린 쌀가루가 많이 보일 경우) 중간체에 내린 후 계량해서 사용하면 좋다.

2. 안치기

찜기에 젖은 면포를 깔고 쌀가루를 안친다.

안치기

3. 찌기

물통에 물이 끓으면 떡이 안쳐진 찜기를 올려 김이 새는지 확인하고 쌀가루 위로 고루 김이 오른 후 20분간
찐다.

4. 부재료 준비하기

팥앙금은 16g씩 분할하여 길쭉한 원통 모양으로 빚는다.

팥앙금 분할하기(12개 이상)

5. 치기

① 젖은 광목에 익힌 멥쌀 반죽을 넣고 치댄다.
② 치댄 떡은 비닐에 넣거나 젖은 면포로 덮어 마르지 않게 둔다.

펀칭하기

6. 성형하기

① 친 떡을 12~13등분 한다.
② 고체유를 도마와 밀대에 바르고 떡 반죽을 4~5mm 두께로 밀어 팥앙금을 넣어 반달 모양(⬤)으로 찍는다.
③ 개피떡 표면에 참기름을 얇게 발라 접시에 담는다.

고체유 바르기

떡 밀어 펴기

소 넣고 틀로 찍기

참기름 바르기

6
흰팥시루떡, 대추단자

시험시간 | **2시간**

대추단자

흰팥시루떡

※ 지급된 재료 및 시설을 사용하여 아래 두 가지 작품을 만들어 제출하시오.

6.1 흰팥시루떡을 만들어 제출하시오.

① 떡 제조 시 물의 양은 적정량으로 혼합하여 제조하시오(단, 쌀가루는 물에 불려 소금 간하지 않고 2회 빻은 멥쌀가루이다).

② 불린 흰팥(동부)은 거피하여 쪄서 소금 간하고 빻아 체에 내려 고물로 사용하시오(중간체 또는 어레미 사용 가능).

③ 멥쌀가루 위·아래에 흰팥고물을 이용하여 찜기에 한 켜로 안치시오.

④ 찜기에 안쳐 물솥에 얹어 찌시오.

⑤ 썰지 않은 상태로 전량 제출하시오.

재료명	비율(%)	무게(g)	재료명	비율(%)	무게(g)
멥쌀가루	100	500	소금(고물)	0.6	3(적정량)
설탕	10	50	물	–	적정량
소금(쌀가루 반죽)	1	5	불린 흰팥(동부)	–	320

6.2 대추단자를 만들어 제출하시오.

① 떡 제조 시 물의 양을 적정량으로 혼합하여 반죽을 하시오(단, 쌀가루는 물에 불려 소금 간하지 않고 1회 빻은 찹쌀가루이다).

② 대추의 40% 정도는 떡 반죽용으로, 60% 정도는 고물용으로 사용하시오.

③ 떡 반죽용 대추는 다져서 쌀가루와 함께 익혀 쓰시오.

④ 고물용 대추, 밤은 곱게 채썰어 사용하시오(단, 밤은 채썰 때 전량 사용하지 않아도 됨).

⑤ 대추를 넣고 익힌 찹쌀반죽은 소금물을 묻혀 치시오.

⑥ 친 대추단자는 기름(식용유) 바른 비닐에 넣어 성형하여 식히시오.

⑦ 친 떡에 꿀을 바른 후 3×2.5×1.5cm 크기로 잘라 밤채, 대추채 고물을 묻히시오.

⑧ 16개 이상 제조하여 전량 제출하시오.

재료명	비율(%)	무게(g)	재료명	비율(%)	무게(g)
찹쌀가루	100	200	꿀	–	20
소금	1	2	식용유	–	10
물	–	적정량	설탕 (찔 때 필요시 사용)	–	100
밤	–	6(개)	소금물용 소금	–	5
대추	–	80			

흰팥시루떡

재료 및 분량

멥쌀가루 500g, 소금 5g, 설탕 50g
물 5~6(80~95g), 불린 흰팥 320g, 소금 3g

만드는 방법

1. 고물 만들기

① 불린 흰팥(동부)은 손으로 비벼 껍질을 벗긴다.

② 불린 물을 체에 다시 받아 가며 제물에서 껍질을 제거한다.

③ 일어 돌이나 불순물을 제거한 후 찜기에 면포를 깔고 40분 이상 푹 찐다.

④ 동부가 익었는지 확인한 후 꺼내어 소금을 넣고 절굿공이로 빻는다.

⑤ 어레미(굵은 체)나 중간체에 내려 고물을 만든다.

손으로 팥 비벼 껍질 벗기기

제물에 껍질 제거하기

면포 깔고 찌기

소금 넣고 빻기

체에 내리기

2. 소금 간하기 및 물 내리기

① 물 70g에 소금을 넣어 녹인 후 멥쌀가루에 넣어 고루 섞어 중간체에 내린다.

② 쌀가루의 수분량을 점검하며 1~2큰술의 물을 더 주어 중간체에 내린다.

Tip 멥쌀가루가 눈에 띄게 거칠 경우(종이처럼 눌린 쌀가루가 많이 보일 경우) 중간체에 내린 후 계량해서 사용하면 좋다.

3. 안치기

① 시루밑을 깐 찜기에 1/2 정도의 흰팥 고물을 고루 깐다.
② 체에 내린 쌀가루에 설탕을 섞고 고물 위로 편편하게 안친다.
③ 나머지 흰팥 고물을 고루 뿌린다.

고물 깔기 나머지 고물 뿌리기

4. 찌기

물통에 물이 끓으면 떡이 안쳐진 찜기를 올려 김이 새는지 확인하고 김이 오른 후 20분간 찌고 약불로 줄여서 5분간 뜸들인다.

5. 꺼내기

① 찜기를 살짝 기울여 찜기 옆면과 떡이 떨어졌는지 확인한다.
② 넓고 편편한 그릇을 뚜껑처럼 덮고 뒤집어 떡을 꺼내고 시루밑을 떼어낸다.
③ 제출용 그릇을 떡에 덮고 다시 뒤집어 담아 고물을 다듬는다.

찜기 기울여 떨어짐 확인하기 뒤집어 꺼내기(접시올림)

뒤집어 꺼내기(뒤집는 모습)

시루밑 제거

대추단자

재료 및 분량

찹쌀가루 200g, 소금 2g, 물 1~2큰술(15~30g)
대추 80g, 깐 밤 6개, 꿀 20g, 식용유·설탕 적정량

만드는 방법

1. 고물 및 부재료 준비하기

① 고물용 깐 밤: 밤을 씻어 물기를 제거한 후 가늘게 채 썬다.

② 고물용 대추: 대추를 씻어 물기를 제거하고 껍질 쪽만 얇게 벗겨 밀대로 밀어준 후 가늘게 채 썬다.

③ 떡 반죽용 대추: 대추를 씻어 물기를 제거하고 씨를 빼 곱게 다진다. 떡 반죽용 대추는 씨를 뺄 때 살을 두껍게 발라준다.

Tip 고물용 대추와 떡 반죽용 대추는 씨를 제거할 때 차이를 두고 빼야 한다.

밀대로 대추 밀기(대추는 껍질 쪽으로   밤, 대추 썰기
얇게 돌려 깎아 밀대로 밀기)

반죽용 대추 다지기   고물용 대추와 떡 반죽용 대추

2. 소금 간하기 및 물 주기

물 15g에 소금을 넣어 녹인 후 찹쌀가루에 넣고 잘 섞는다.

물에 소금 녹이기

체에 내리기

Tip 대량 제조할 때는 체에 내리지 않지만, 시험장에서는 소금이 잘 섞이게끔 중간체에 한 번 내려주는 것도 좋다.

3. 안치기

① 찜통에 젖은 면포를 깔고 설탕을 살짝 뿌린다.

② 찜기에 쌀가루가 고루 익도록 가운데를 움푹 파 안치고 물통의 물이 끓으면 찜기를 올려 3~5분 정도 익힌다.

③ 찜기 뚜껑을 열어 보아 쌀가루 표면이 살짝 익었으면 다진 대추를 올려 20~30분간 찌고, 5분간 뜸들인다.

안치기

다진 대추 얹기

4. 치기

① 물 1컵에 소금 1작은술을 섞어 소금물을 만든다.

② 적당한 크기로 자른 비닐에 식용유를 발라 준비한다.

③ 스테인리스볼과 절굿공이에 소금물을 적셔가며 익은 찹쌀반죽을 친다.

④ 기름 바른 비닐에 친 떡을 넣고 1.5cm 정도 두께의 사각형으로 만들어 식힌다.

소금을 묻혀가며 치기

비닐에 식용유 바르기

비닐에 넣고 모양 잡기

떡에 꿀 바르기

5. 잘라 고물 묻히기

① 식은 대추단자는 기름 바른 스크레이퍼로 3×2.5×1.5cm로 잘라 고물을 묻힌다.

② 고물을 묻힌 대추단자는 제출용 접시에 16개 이상 나란히 붙여가며 담아야 늘어지지 않고 모양이 잡힌다.

스크레이퍼로 자르기

고물 묻히기

7

백설기

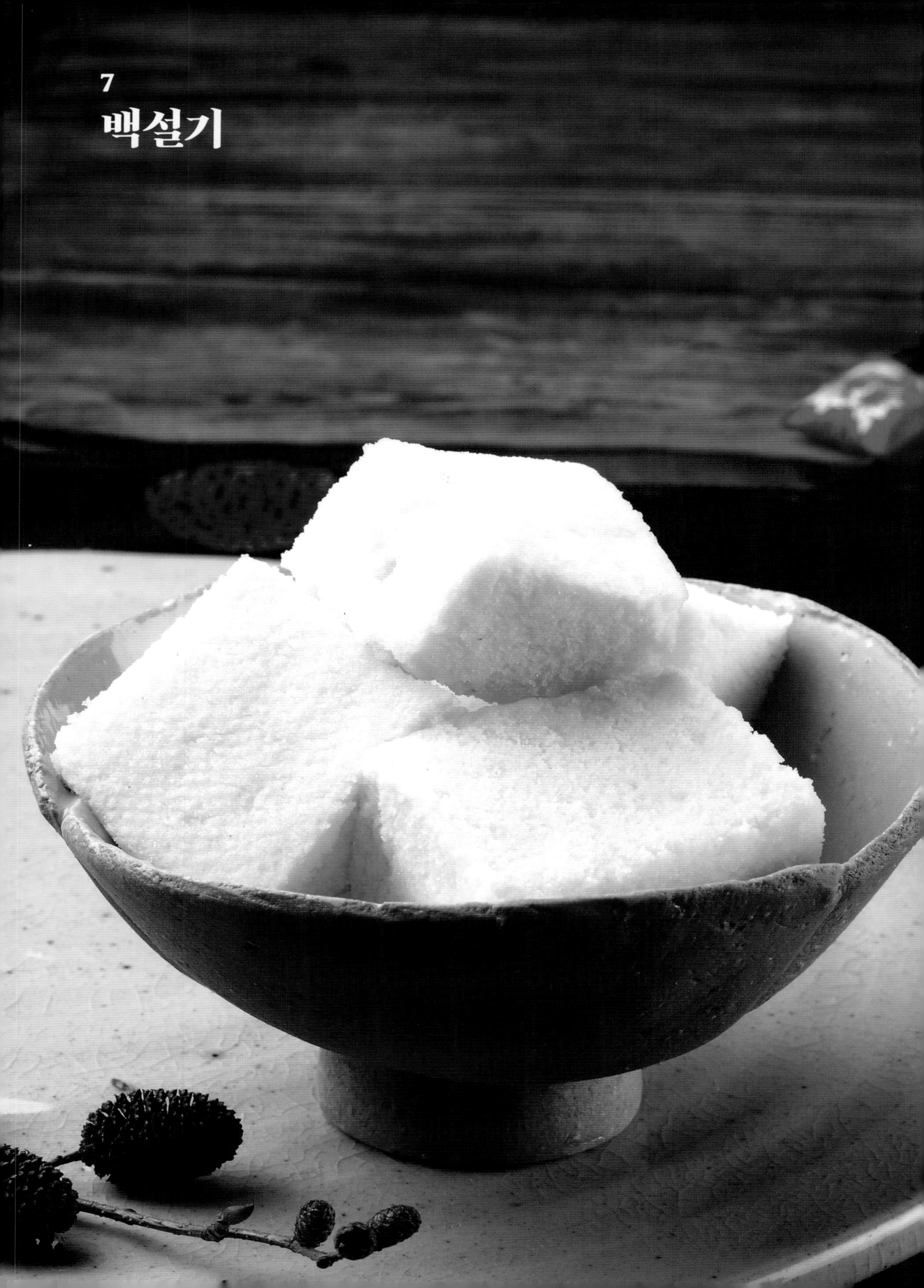

재료 및 분량

멥쌀가루 1112g(12컵)[멥쌀 800g, 소금(호렴) 1큰술, 물 100g(1/2컵)], 물 5~10큰술, 설탕 85~170g(1/2~1컵)

만드는 방법

1. 쌀가루 만들기

멥쌀을 깨끗이 씻어 일어 5시간 이상 불린 후 건져 30분 정도 물기를 빼고 소금을 넣어 곱게 빻는다.

2. 풀 내리기

쌀가루에 물을 섞어서 손으로 잘 비벼 중간체에 내린 후 설탕을 넣어 고루 섞는다. 물의 양은 쌀가루의 수분 상태에 따라 조절한다.

3. 안쳐 찌기

① 찜통 아래에 시루밑을 깔고 쌀가루를 고루 펴서 담아 위를 편평하게 안친다. 떡을 안치고 솥에 올리기 전에 칼집을 넣어 준다.

② 가루 위로 골고루 김이 오르면 뚜껑을 덮어 약 20분 정도 찐 후 약한 불에서 5분간 뜸을 들인다.

③ 꼬치로 찔러 보아 흰 가루가 묻어나지 않으면 불을 끈다.

Tip 쌀가루에 물을 주고 체에 내린 후 설탕을 섞은 후에 실온에 방치하면 쌀가루가 뭉치는 현상이 생기므로 설탕을 섞은 후에는 바로 찜통에 안쳐 찌는 것이 좋다.

쌀가루에 물 넣기

체에 내리기

설탕 넣기

쌀가루 안치고 칼집 내기

쑥설기

재료 및 분량

멥쌀가루 500g(5컵), 물 1~2큰술, 설탕 5큰술, 생쑥 100g

만드는 방법

1. 쌀가루 만들기

① 멥쌀은 깨끗이 씻어 일어 5시간 이상 불린 후 건져 30분 정도 물기를 빼고 소금을 넣어 곱게 빻는다.

② 가루에 물을 주어 손으로 비벼 골고루 섞은 후 중간체에 내려 설탕을 골고루 섞는다.

2. 쑥 손질하기

어리고 연한 쑥을 깨끗이 다듬어 씻어 물기를 뺀다.

3. 안쳐 찌기

① 쌀가루에 쑥을 넣어 잘 섞는다.

② 찜통에 시루밑을 깔고 쌀가루를 고루 펴 안친다.

③ 가루 위로 김이 오르면 20분 정도 찐 후 불을 줄여 5분간 뜸들인다.

Tip 쌀가루에 쑥을 섞을 때 불린 콩이나 삶은 콩을 넣어 버무려 찌면 좋다.

9
붉은팥시루떡

재료 및 분량

멥쌀가루 500g(5컵), 물 2~4큰술, 설탕 5큰술
붉은팥고물 4컵[붉은팥 240g(1½컵), 소금 1작은술]

찹쌀가루 500g(5컵), 물 1~2큰술, 설탕 5큰술
밀가루 1/3컵(시룻번용)

만드는 방법

1. 쌀가루 만들기

① 찹쌀과 멥쌀은 각각 쌀을 씻어 일어 5시간 이상 불린 후 건져 물기를 빼고 소금을 넣어 가루로 곱게 빻는다.

② 각각의 쌀가루에 물을 주고 비벼서 중간체에 내린 후 설탕을 고루 섞는다.

시루에 고물 뿌리기

2. 붉은팥고물 만들기

붉은팥은 무르게 삶아 뜨거울 때 절구에 쏟아 소금을 넣고 대강 찧어 고물을 만든다.

고물 위에 쌀가루 안치기

3. 안쳐 찌기

① 시루에 시루밑을 깔고 팥고물, 멥쌀가루, 팥고물, 찹쌀가루, 팥고물의 순으로 펴 안치고 김이 새지 않도록 시룻번을 붙인다.

② 가루 위로 골고루 김이 오르면 면포를 덮고 뚜껑을 덮어 30분 정도 찐 후 약한 불에서 5분간 뜸들인다.

Tip 시루에 떡을 안칠 때 시루의 밑부분과 윗부분을 쌀가루 양을 달리 해서 안쳐야 떡을 쪄 낸 후 켜가 일정하다.

쌀가루 위에 고물 뿌리기

물솥 위에 시루 올리고 시룻번 붙이기

김이 오르면 면포 덮기

─────────── P O I N T ───────────

쌀가루에 무를 섞어 무시루떡을 만들 수도 있다.

재료 및 분량

멥쌀가루 500g(5컵), 감가루 50g(1/2컵), 계핏가루 1작은술
편강가루 1½큰술, 꿀 2큰술, 물 3큰술, 설탕 3큰술
잣가루 3큰술, 설탕에 절인 유자 1/4개분, 밤 5개, 대추 10개
녹두고물 3컵[거피녹두 120g(3/4컵), 소금 1/2작은술]

만드는 방법

1. 쌀가루 만들기

멥쌀을 불린 후 건져 소금을 넣어 가루로 곱게 빻는다.

2. 부재료 준비하기

① 침감은 껍질을 벗겨 얇게 썰어 말려서 빻아 가루로 만든다. 곶감을 말려 빻아 쓰기도 한다.
② 편강가루는 편강을 갈아 고운체에 내린다.
③ 유자는 작게 자르고, 밤은 8~10등분하고, 대추는 밤과 같은 크기로 썬다.

3. 녹두고물 만들기

거피녹두는 불려 껍질을 벗겨 찜통에 찐 후 소금 간하여 어레미에 내린다.

4. 안쳐 찌기

① 쌀가루에 감가루, 계핏가루, 편강가루를 넣어 골고루 섞고 꿀과 물을 넣어 비벼 중간체에 내려 잣가루, 유
자, 밤, 대추, 설탕를 섞는다.
② 찜통에 시루밑을 깔고 녹두고물을 펴고 쌀가루, 녹두고물 순서로 안쳐 20분 정도 찌고 5분간 뜸들인다.

11
거피팥시루떡

재료 및 분량

거피팥메시루떡 멥쌀가루 700g(7컵), 찹쌀가루 75g(3/4컵)

물 3~6큰술, 설탕 7큰술, 밤 7개, 대추 10개

거피팥고물 3컵[거피팥 120g(3/4컵), 소금 1/2작은술]

거피팥찰시루떡 찹쌀가루 700g(7컵), 꿀 1½큰술

물 1~1½큰술, 설탕 3큰술, 밤 7개, 대추 10개

거피팥고물 3컵[거피팥 120g(3/4컵), 소금 1/2작은술]

만드는 방법

1. 쌀가루 만들기

① 찹쌀과 멥쌀은 각각 씻어 불린 후 건져 소금을 넣어 가루로 빻는다.

② 각각의 쌀가루에 물을 주어 비벼서 중간체에 내린 후 설탕을 고루 섞는다.

2. 거피팥고물 만들기

거피팥을 불려 껍질을 벗겨 찜통에 찐 후 소금 간하여 어레미에 내린다.

3. 부재료 준비하기

① 밤은 껍질을 까서 작을 경우에는 통으로 쓰고 클 경우에는 반으로 자른다.

② 대추는 씨를 뺀 후 대추 모양으로 말아 놓는다.

4. 안쳐 찌기

각각의 찜통에 시루밑을 깔고 고물의 반을 펴 안치고 쌀가루 반을 편 후에 밤과 대추를 사이사이에 놓고 남은 쌀가루, 고물의 순서로 안쳐 30분 정도 찐 후 약한 불에서 5분간 뜸들인다.

12
물호박시루떡

재료 및 분량

멥쌀가루 700g(7컵), 물 1~3큰술, 설탕 7큰술, 늙은호박 200g[손질 후 160g, 설탕 1½큰술, 소금 약간], 거피팥고물 3컵 [거피팥 120g(3/4컵), 소금 1/2작은술]

만드는 방법

1. 쌀가루 만들기

멥쌀은 깨끗이 씻어 일어 5시간 이상 불려 물기를 뺀 후 소금을 넣어 곱게 빻는다.

2. 호박 손질하기

호박은 폭 5cm 정도로 길게 썰어 씨를 빼고 껍질을 벗겨 낸 후 5mm 두께로 납작하게 썰어 설탕과 소금을 뿌려 둔다.

호박 껍질 벗기기

3. 거피팥고물 만들기

거피팥은 물에 불려 껍질을 벗겨 찜통에 찐 후 소금 간하여 어레미에 내린다.

호박 썰어 설탕 섞기

4. 안쳐 찌기

① 쌀가루에 물을 넣어 고루 비벼 중간체에 내려 설탕을 골고루 섞는다.
② 쌀가루 3컵을 덜어 내고 4컵 분량에 호박을 섞는다.
③ 찜통에 시루밑을 깔고 팥고물을 넉넉히 고르게 편다.
④ 고물 위로 쌀가루를 얇게 펴고 위에 호박 섞은 쌀가루를 안치고 다시 쌀가루, 고물의 순서로 안친다.
⑤ 가루 위로 김이 골고루 오르면 뚜껑을 덮어 20분 정도 찐 후 5분 간 뜸들인다.

쌀가루에 호박 넣어 버무리기

쌀가루 안치고 고물 뿌리기

재료 및 분량

찹쌀가루 400g(4컵), 물 2~4큰술, 설탕 4큰술, 실깨고물 1½컵[흰깨 120g(1컵), 소금 1/3작은술], 검정깨고물 1½큰술

만드는 방법

1. 쌀가루 만들기

① 찹쌀을 깨끗이 씻어 일어 5시간 이상 불려 30분 정도 물기를 뺀다.
② 소금을 넣어 가루로 빻는다.

2. 실깨고물 만들기

① 흰깨는 불려 껍질을 벗긴 후 타지 않게 볶아 소금 간을 하여 분쇄기에 굵게 간다.
② 검정깨는 씻어 일어 타지 않게 볶아 소금 간을 하여 분쇄기에 곱게 간다.

3. 안쳐 찌기

① 물을 주어 중간체에 내려 설탕을 골고루 섞은 후 2등분한다.
② 찜기에 시루밑을 깔고 실깨고물을 골고루 펴 안치고 쌀가루 반 분량을 고르게 편다.
③ 검정깨고물을 체로 쳐서 살짝 뿌린 후 나머지 쌀가루, 실깨고물의 순서로 안친다.
④ 가루 위로 김이 골고루 오른 후 20분 정도 찐다.

시루에 깨고물 깔기

쌀가루 앉히기

쌀가루 위에 검정깨고물 뿌리기

쌀가루 위에 실깨고물 뿌리기

─────────────── P O I N T ───────────────

깨는 에너지를 공급하면서 영양 면에서도 우수하며, 각종 기능성 물질도 다량 들어 있다. 고소한 향과 맛을 가진 참깨는 단백질, 지방, 탄수화물, 무기질, 비타민 등 영양성분이 가득하다. 참깨에 가장 많은 성분은 지방인데, 식품으로 꼭 섭취해야 하는 필수지방산의 함량이 높다. 참깨에는 약 20%의 단백질이 들어 있으며 필수아미노산 함량이 매우 높다. 비타민 B군과 젊게 만들어주는 비타민 E도 함유하고 있다. 참기름에 비해 지방의 변화가 적고 풍부한 섬유소가 있어 장 건강에도 도움을 준다. 참깨에 들어 있는 리그난 성분은 항산화물질로 주목받고 있다.

재료 및 분량

멥쌀가루 500g(5컵), 물 3~4큰술, 설탕 5큰술, 통녹두고물 3컵[거피녹두 1½컵, 소금 2/3작은술], 부재료(밤 5개, 단감 1/2개, 풋대추 10개, 풋콩 1/2컵)

만드는 방법

1. 쌀가루 만들기

멥쌀은 깨끗이 씻어 일어 5시간 이상 불려 물기를 뺀 후 소금을 넣어 가루로 빻는다.

2. 부재료 준비하기

① 밤은 껍질을 벗겨 4~5등분하고, 대추는 씨를 빼고 3~4등분한다.
② 단감은 껍질을 벗겨 도톰하게 썰고, 풋콩은 껍질을 벗겨 깨끗이 씻어 건져 소금을 약간 뿌려 둔다.

3. 통녹두고물 만들기

거피녹두는 물에 충분히 불려 씻어 껍질을 벗겨내고 물기를 뺀 후 소금 간한다.

4. 안쳐 찌기

① 쌀가루에 물을 넣어 골고루 섞은 후 중간체에 내려 설탕을 섞고 부재료(밤, 풋대추, 풋콩, 단감)를 고루 섞는다.
② 찜통에 젖은 면포를 깔고 통녹두를 펴 안치고 쌀가루, 통녹두 순서로 안쳐 찐다.
③ 가루 위로 골고루 김이 오르면 뚜껑을 덮어 20분 정도 찐 후 약한 불에서 5분간 뜸들인다.

15

두텁떡

재료 및 분량

찹쌀가루 500g(5컵), 진간장 1½큰술, 설탕 1/2컵, 볶은팥고물 9~10컵[거피팥 480g(3컵), 진간장 1½큰술, 설탕 1/2컵, 계핏가루 1/2작은술, 후춧가루 약간]

팥소 볶은팥고물 1컵, 계핏가루 1/4작은술, 유자청 1큰술, 꿀 1큰술, 잣 1큰술, 밤 3개, 대추 6개, 설탕에 절인 유자 1/8 개분

만드는 방법

1. 쌀가루 만들기

① 찹쌀을 씻어 5시간 이상 충분히 불려 건져 30분 정도 물기를 빼고 간을 하지 않고 가루로 곱게 빻는다.
② 위의 쌀가루에 진간장을 넣어 골고루 비벼 중간체에 내려 설탕을 섞는다.

쌀가루에 간장으로 간하기   쌀가루에 설탕 섞기

2. 볶은팥고물 만들기

① 거피팥을 충분히 불려 씻어 껍질을 벗겨 찜통에 찐 후 빻아 중간체에 내린다.
② 중간체에 내린 팥고물에 간장, 설탕, 계핏가루, 후춧가루를 넣어 골고루 섞은 후 팬에 보슬보슬하게 볶는다.

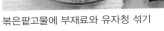

볶은팥고물에 부재료와 유자청 섞기   팥소 빚기

3. 팥소 만들기

① 밤은 껍질을 벗겨 잘게 썰고, 대추는 씨를 빼고 밤과 같은 크기로 썬다.

② 유자는 곱게 다지고, 잣은 고깔을 뗀다.

③ 볶은팥고물 1컵에 잘게 썬 밤, 대추, 계핏가루, 유자를 고루 섞고 유자청과 꿀을 넣어 반죽한다.

④ 반죽을 떼어 잣을 하나씩 넣고 직경 2cm 크기로 동글납작하게 빚는다.

고물 깔고 쌀가루 얹은 후 위에 팥소 올리기   팥소 위에 쌀가루 얹기

4. 안쳐 찌기

① 찜통에 젖은 면포를 깔고 고물을 넉넉히 골고루 편다.

② 쌀가루를 한 숟가락씩 드문드문 놓고, 그 위에 팥소를 하나씩 얹고 다시 쌀가루를 덮고 팥고물로 위를 덮는다.

③ 우묵하게 들어간 자리에 같은 방법으로 떡을 안친다.

④ 가루 위로 김이 골고루 오르면 뚜껑을 덮어 30분 정도 찐다.

⑤ 쪄지면 들어 내어 떡을 숟가락으로 하나씩 떠 낸다.

쌀가루 위에 고물 뿌리기   찐 떡 숟가락으로 꺼내기

─────────────── P O I N T ───────────────

두텁떡은 쌀가루를 간장으로 간을 한 궁중의 대표적인 떡으로 봉우리떡, 합병(盒餅), 후병(厚餅)이라고도 한다. 궁중 잔치 기록에도 여러 번 올려진 기록이 있으며 『윤씨음식법』, 『정일당잡지』, 『시의전서』, 『조선무쌍신식요리제법』, 『우리음식』 등에 만드는 법이 나와 있다.

memo

재료 및 분량

멥쌀가루 500g(5컵), 물 3/4컵, 생막걸리 3/4컵, 설탕 85g(1/2컵), 고명 대추 2개, 석이 1장, 검정깨 약간

색증편으로 할 경우 • 노란색: 단호박가루, 호박앙금 • 분홍색: 딸기시럽 • 녹색: 쑥가루

만드는 방법

1. 쌀가루 만들기

쌀을 깨끗이 씻어 5시간 이상 불린 후 물기를 빼고 소금을 넣어 곱게 빻아 고운 체에 내린다.

쌀가루 고운 체에 내리기

2. 반죽하기

① 물을 50℃ 정도로 데워 설탕과 막걸리를 섞는다.

② 물에 쌀가루를 넣어 멍울 없이 고루 섞고 랩을 씌운다.

막걸리에 따뜻한 물 섞기

3. 발효하기

① 1차 발효: 반죽을 따뜻한 곳(30~35℃)에서 4시간 동안 발효시킨다.

② 2차 발효: 1차 발효된 반죽을 잘 섞어 공기를 빼고 다시 랩을 씌워 2시간 동안 발효시킨다.

③ 3차 발효: 2차 발효된 반죽을 잘 섞어 공기를 빼고 1시간 더 발효시킨다.

반죽 잘 섞기

1차 발효 후 가스 빼기

Tip 발효시간은 발효 정도에 따라 달라지며, 여름철에는 실온에서 발효시킨다.

4. 고명 준비하기

① 대추 하나는 씨를 빼고 말아 꽃 모양으로 썰고 나머지는 채 썬다.
② 석이는 따뜻한 물에 불려 비벼 씻어 곱게 채 썬다.
③ 검정깨는 씻어 일어 볶는다.

5. 찌기

① 발효된 반죽을 잘 섞어 공기를 빼고 기름칠한 쟁반이나 방울증편
   틀에 7~8부 정도 붓는다.
② 준비한 고명을 올린다.
③ 김 오른 찜통에 올려 찌고 꺼낸다.

틀에 붓고 고명 올리기

6. 마무리하기

한 김 나간 후 윗면에 식용유를 바른다.

--------- P O I N T ---------

• 판증편 찌기: 약한 불에서 5분 → 센 불에서 20분 → 약한 불에서 5분간 뜸들이기
• 방울증편 찌기: 약한 불에서 5분 → 센 불에서 10분 → 불 끄고 5분간 뜸들이기

약식

재료 및 분량

찹쌀 800g(5컵), 황설탕 190g(1컵)

양념 참기름 4큰술, 진간장 3큰술, 계핏가루 1작은술, 대추내림 3큰술, 캐러멜소스 3큰술
부재료 밤 10개, 대추 15개, 잣 1큰술, 꿀·계핏가루·참기름 약간

캐러멜소스 만들기

설탕 170g(1컵), 물 1/2컵, 끓는 물 1/2컵, 물엿 2큰술

① 냄비에 설탕과 물을 넣어 중간 불에 올려 젓지 말고 끓인다.
② 가장자리부터 타기 시작해 전체적으로 갈색이 되면 불을 끈다.
③ 끓는 물과 물엿을 넣어 섞는다.

만드는 방법

1. 찹쌀 불려 찌기

① 찹쌀은 씻어 일어 5시간 이상 충분히 불려서 건져 물기를 뺀다.
② 찜통에 면포를 깔고 1시간 정도 쌀이 푹 무르게 찐다.

찐 찹쌀에 황설탕 섞기

2. 대추내림 만들기

대추나 대추씨에 충분한 물을 붓고 뭉근한 불에서 푹 고아 중간체에 내린다. 수분이 많이 남아 있을 때는 볶아서 되직하게 만들어 사용한다.

3. 부재료 준비하기

① 밤은 속껍질까지 벗겨 4~6등분한다.
② 대추는 씨를 발라 내어 3~4조각으로 썬다.
③ 잣은 고깔을 뗀다.

양념한 찹쌀에 대추내림 넣기

4. 양념하기

① 찐 찹쌀이 뜨거울 때 큰 그릇에 쏟아 황설탕을 넣어 밥알이 한 알씩 떨어지도록 주걱으로 자르듯이 고루 섞는다.
② 참기름, 진간장, 계핏가루, 대추내림, 캐러멜소스 순서로 넣어 맛과 색을 낸다.
③ 준비한 밤과 대추를 섞는다.
④ 양념한 찰밥을 2시간 이상 상온에 두어 맛이 배도록 한다.

양념한 찹쌀 찌기

5. 찌기

① 찜통에 젖은 면포를 깔고 40분 정도 쪄내어 그릇에 쏟아 꿀, 계핏가루, 참기름, 잣을 섞는다.
② 틀에 참기름을 골고루 바르고 박아 내어 모양을 낸다.

두 번 쪄 낸 찹쌀에 계핏가루, 꿀 넣기

가래떡

재료 및 분량

멥쌀 4kg, 소금 50~60g, 물 3~4컵

만드는 방법

1. 쌀가루 만들기

쌀은 씻어 일어 5시간 이상 불려 30분 이상 물기를 빼고 소금을 넣어 곱게 빻은 다음 물을 섞어 굵게 빻는다.

2. 안쳐 찌기

① 시루에 시루밑을 깔고 쌀가루를 고루 담아 시루 주변을 눌러 주어 김이 고루 오르게 한다.
② 김이 오르면 젖은 베 보자기를 덮어 15분간 찌고 5분간 뜸들인다.

3. 성형하기

쪄 낸 떡을 절편기로 내리는데, 한 번 내려온 떡을 그릇에 받았다가 다시 절편기에 넣어 내린다.

4. 자르기

두 번째 내려온 떡을 찬물에 담가 모양을 유지시킨 후 건져 굳혀 용도에 맞게 자른다.

──────── P O I N T ────────

쪄 낸 떡을 손으로 성형하여 꽃절편을 만들 수도 있다.

19
상화병

재료 및 분량

밀가루 200g(2컵), 소금 1/3작은술, 설탕 2큰술, 생막걸리 1/2컵, 물 2큰술, 설탕 약간, 팥앙금 100g

만드는 방법

1. 붉은팥앙금 만들기

붉은팥을 무르게 삶아 앙금을 내어 소금과 설탕, 물엿을 넣어 조려 앙금을 만든다.

2. 반죽하기

① 밀가루는 소금을 넣어 체에 친 후 중탕한 막걸리와 설탕, 소금을 넣고 반죽한다.
② 윗부분을 매끄럽게 한 후 랩으로 위를 싸서 따뜻한 곳(약 30℃)에 두어 1시간가량 1차 발효를 시켜 부풀어 오르면 공기를 뺀 후 다시 밀봉한다.
③ 밀봉한 반죽 그릇에 두꺼운 천을 덮어 1시간 더 2차 발효시킨다.

3. 모양 빚기

① 처음 정도로 부풀어오르면 다시 공기를 빼준 후에 적당한 크기로 떼어 팥앙금소를 넣는다.
② 속을 넣을 때 밑은 얇고 위는 두툼해야 속이 터지지 않는다.

4. 찌기

김이 오른 찜통에 만든 상화를 넣고 뚜껑을 열고 불을 약하게 하여 5분가량 두어 조금 부풀어오르면 불을 세게 하여 15분 정도 찐다.

삼색단자

쑥구리단자

재료 및 분량

찹쌀가루 200g(2컵), 물 1큰술, 데친 쑥 20g, 거피팥고물 2컵, 꿀 1큰술

소 거피팥고물 1/3컵, 계핏가루 약간, 꿀 1작은술

만드는 방법

1. 쌀가루 만들기

찹쌀은 깨끗이 씻어 일어 5시간 이상 불려 30분 이상 물기를 뺀 후 소금을 넣어 가루로 빻는다.

2. 쑥 데치기

쑥은 연한 잎을 뜯어 소금 또는 소다를 넣어 끓는 물에 데쳐 내어 찬물에 헹군다.

3. 거피팥고물 만들기

거피팥을 충분히 불려 씻어 껍질을 벗긴 후 일어 물기를 뺀 후 찜통에 면포를 깔고 푹 무르게 쪄 소금 간을 하여 중간체에 내려 고물을 만든다.

4. 거피팥소 만들기

소는 거피팥고물 1/3컵에 계핏가루와 꿀을 넣어 반죽하여 지름 2cm의 막대 모양을 만든다.

5. 찌기

찹쌀가루에 물을 주어 찜통에 젖은 면포를 깔고 찐다.

6. 치기

쪄 낸 떡에 데친 쑥을 넣어 뜸들이고 절구에 넣어 꽈리가 일도록 친다.

7. 성형하기

도마에 소금물을 바르고 떡을 쏟아 두께 1cm로 펴고, 막대 모양의 소를 놓고 꿀을 바르면서 늘여 말아 새알 모양으로 끊어서 고물을 묻힌다.

POINT

찹쌀가루에 삶은 쑥을 넣어 만든 단자로 쑥굴리, 봉단자(蓬團子), 향애(香艾)단자, 청애(靑艾)단자라고도 한다.

대추단자

재료 및 분량

찹쌀가루 200g(2컵), 대추 8개(다진 것 3큰술), 물 1큰술, 꿀 1큰술
고물 밤 6개, 대추 12개

만드는 방법

1. 찌기

찹쌀가루에 다진 대추를 섞어 고루 버무린 후 물을 주어 찜통에 젖은 면포를 깔고 찐다.

2. 고물 준비하기

밤은 속껍질은 벗겨 곱게 채 썰고, 대추는 씨를 발라 내고 곱게 채 썰어 섞어 고물로 쓴다.

3. 성형하기

쪄 낸 떡을 절구에 넣어 꽈리가 일도록 친 후 꿀을 발라가며 대추알만큼씩 떼어 고물을 묻힌다.

석이단자

재료 및 분량

찹쌀가루 200g(2컵), 석이가루 불린 것 1큰술[석이가루 1작은술, 끓는 물 1큰술, 참기름 약간], 물 1큰술, 꿀 1큰술, 잣가루 2/3컵

만드는 방법

1. 찌기

찹쌀가루에 불린 석이가루를 섞어 고루 버무린 후 물을 주어 찜통에 젖은 면포를 깔고 찐다. 마른 석이가루를 쓸 때는 끓는 물과 참기름을 주어 불려서 쓴다.

2. 잣 손질하기

잣은 고깔을 떼고 한지에 놓고 칼날로 곱게 다져 가루를 내어 잣기름을 뺀다.

3. 성형하기

쪄 낸 떡을 절구에 넣어 꽈리가 일도록 친 후 도마에 소금물(물 1컵+소금 1작은술)을 발라 1cm 두께로 펴서 꿀을 바른 후 길이 3cm, 폭 2.5cm로 썰어 잣가루를 고루 묻힌다.

21
수수팥단자

재료 및 분량

찰수숫가루 200g(2컵), 찹쌀가루 50g(1/2컵), 끓는 물 4~5큰술
붉은팥고물 붉은팥 160g(1컵), 물 7컵, 소금 1/2작은술

만드는 방법

1. 가루 만들기

① 찰수수를 씻어 일어 물을 갈아 주며 7~8 시간 이상 불린 뒤 씻어 건져 소금을 넣고 곱게 가루를 빻는다.
② 찹쌀은 깨끗이 씻어 일어 5시간 이상 불려 건져 30분 정도 물기를 뺀 후 소금을 넣어 가루로 빻는다.

2. 팥고물 만들기

붉은팥을 삶아 뜨거울 때 절구에 쏟아 소금을 넣고 대강 찧어서 보슬보슬한 고물을 만든다.

3. 반죽하여 모양 만들기

① 찰수숫가루와 찹쌀가루를 섞어 준 후 끓는 물로 익반죽한다.
② 오래 치대어 잘라 직경 2cm 구형으로 빚는다.
Tip 반죽할 때 설탕을 약간 넣을 수도 있다.

4. 삶아 고물 묻히기

① 끓는 소금물에 경단을 넣고 익어서 위에 뜨면 불을 줄여 뜸을 들인다.
② 뜸들여 익으면 건져 냉수에 급히 헹구어 물기를 빼고 팥고물을 묻힌다.

진달래화전

재료 및 분량

찹쌀가루 200g(2컵), 끓는 물 3~4큰술, 진달래꽃·쑥잎·지짐기름 적량, 설탕(꿀) 약간

만드는 방법

1. 반죽하기

찹쌀가루에 끓는 물을 넣어 익반죽하여 치대어 직경 4cm 크기로 둥글납작하게 빚어 기름 바른 쟁반에 놓는다.

찹쌀반죽 치대기

2. 진달래꽃 손질하기

① 진달래꽃은 꽃 수술을 떼어 버리고 씻은 후 수분을 제거한다.
② 쑥잎은 작은 잎만 떼어 낸다.

둥글납작하게 빚기

3. 지지기

① 팬에 기름을 두르고 달궈지면 불을 약하게 하여 화전 반죽을 올려 서로 붙지 않게 떼어 놓고 아래쪽이 익어 말갛게 되면 뒤집는다.
② 익은 쪽에 진달래꽃을 붙여 모양을 낸다.

기름에 지지기

4. 마무리하기

양면이 다 익으면 꺼내어 설탕 또는 꿀을 고루 묻힌다.

진달래꽃 붙이고 쑥잎 올리기

노티떡

재료 및 분량

찹쌀가루 800g(8컵), 찰기장가루 1컵, 찰수숫가루 1컵, 소금 1큰술, 체친 엿기름 80g, 물 80g, 지짐기름 적량

만드는 방법

1. 가루 만들기

① 찹쌀, 찰기장, 찰수수는 깨끗이 씻어 5시간 정도 불린 후 30분 정도 물기를 뺀 다음 각각 가루로 빻아 놓는다.
② 엿기름은 가루로 빻아 먼저 중간체에 내린 후 고운체에 다시 내려 고운 엿기름가루를 만든다.

2. 재료 섞기

찹쌀가루, 찰기장가루, 찰수숫가루에 소금물을 넣고 고루 버무려 중간체에 내린 다음 절반의 엿기름을 섞어준다.

3. 중간 찌기

시루에 젖은 면포를 깔고 준비한 가루를 안친 다음 김이 오른 찜솥에 올려 살짝 찐다.

4. 삭히기

쪄진 떡가루에 남겨 둔 엿기름을 한데 섞어 치대듯이 고루 반죽하고 60℃ 정도에서 6시간 삭힌다.

5. 지지기

① 삭힌 반죽을 찬 곳에 1시간 정도 두었다가 지름 5cm, 두께 0.2cm 크기로 만들어 지진다.
② 편평한 그릇에 담아 설탕을 솔솔 뿌려 둔다.

24

개성주악

재료 및 분량

찹쌀가루 500g(5컵), 밀가루 50g(1/2컵), 설탕 85g(1/2컵), 막걸리 1/2컵, 끓는 물 2~3큰술, 대추 1개, 튀김기름 적량

즙청시럽 조청 290g(1컵), 물 1/2컵, 껍질 벗긴 생강 10g
고명 대추 3개, 무정과 약간

만드는 방법

1. 쌀가루 만들기

찹쌀을 씻어 일어 5시간 이상 불려 30분 이상 물기를 빼고 소금을 넣어 가루로 곱게 빻는다.

2. 반죽하기

① 찹쌀가루와 밀가루를 골고루 섞어 중간체에 내려 설탕을 섞는다.
② 가루에 막걸리를 넣어 버물버물 섞은 후 끓는 물을 넣어 끈기가 나도록 오래 치대어 반죽한다.

3. 모양 만들기

반죽을 떼어 내어 직경 3cm, 두께 1cm로 빚어 가운데 부분의 위아래를 눌러 기름 바른 쟁반에 놓아 붙지 않게 한다.

4. 튀기기

① 180℃ 기름에 서로 붙지 않도록 넣어 노릇하게 색을 내고 모양을 잡은 다음 150℃ 기름에 옮겨 속까지 익도록 튀긴다.
② 튀겨진 주악을 건져 기름을 뺀다.

5. 즙청시럽 만들기

조청에 물과 저민 생강을 넣고 거품이 날 때까지 끓여 식힌다.

6. 즙청하기

기름 뺀 주악을 즙청시럽에 담갔다가 건진다.

7. 장식하기

주악 위에 작게 자른 대추나 무정과로 장식한다.

각색주악

재료 및 분량

대추주악 찹쌀가루 100g(1컵), 밀가루 2큰술, 다진 대추 1큰술, 끓는 물 2½큰술
파래주악 찹쌀가루 100g(1컵), 밀가루 2큰술, 파래가루 1큰술, 끓는 물 2½큰술
치자주악 찹쌀가루 100g(1컵), 밀가루 2큰술, 치자물 1/2큰술, 끓는 물 2큰술
소 다진 대추 5큰술, 계핏가루 1/2작은술, 꿀 1~2작은술
튀김기름 적량

만드는 방법

1. 쌀가루 만들기

찹쌀을 씻어 일어 5시간 이상 불려 30분 이상 물기를 빼고 소금을 넣어 가루로 빻는다.

쌀가루에 밀가루 섞기

2. 반죽하기

① 찹쌀가루에 밀가루를 섞어 체에 내린다.
② 찹쌀가루에 각각의 색을 내는 재료를 섞는다.
③ 각각 끓는 물을 넣어 반죽한다.

Tip 치자물을 만들 때는 물 1컵에 치자 4개를 쪼개어 10분 정도 우리고 고운 체에 걸러서 쓴다.

대추 다진 것 섞기

3. 소 만들기

대추씨를 발라 내어 곱게 다져서 꿀과 계핏가루를 넣고 섞어서 콩알만큼씩 빚는다.

4. 모양 만들기

찹쌀 반죽을 새알만큼씩 떼어 동글동글하게 만들어 송편 빚듯이 우물을 파서 소를 넣고 꼭꼭 오므려 빚는다.

소 넣고 빚기

5. 지지기

팬에 주악이 잠길 정도의 튀김기름을 붓고 140℃ 기름에서 튀겨 기름망에 건져 낸다.

6. 즙청하기

① 뜨거울 때 계핏가루를 섞은 시럽에 담갔다가 망으로 건져 여분의 시럽을 뺀다.
② 뜨거울 때 설탕을 뿌리거나 꿀에 즙청할 수도 있다.

기름에 튀기기

참고문헌

단행본

강인희 외 6인(2000), 한국음식대관 제3권: 떡·과정·음청, 한림출판사.

강인희(1997), 한국의 떡과 과줄, 대한교과서.

국립민속박물관, 한국민속대백과사전.

국립민속박물관, 한국의식주생활사전.

김규석(2002), 전통음식·떡살, 오성출판사.

김은정(2020), 떡제조기능사 필기, 인성재단.

김자경 외 2인(2019), 조리기능사, 에듀윌.

문화재보호재단(2003), 세시풍속.

박지형 외 3인(2021), 조리기능사 필기, 일진사.

오세욱 외 5인(2013), 식품위생학, 수학사.

윤서석(1991), 한국의 음식 용어, 민음사.

윤서석(1999), 식생활문화의 역사.

이혜수 외(2001), 조리과학, 교문사.

이효지(2005), 한국음식의 맛과 멋.

장명숙, 김나영(2013), 식품과 조리원리, 효일.

정길자 외 4인(2010), 한국의 전통병과, 교문사.

최남선(1890~1957), 조선상식 풍속편.

최해연 외 5인(2020), 식품위생학 및 법규, 파워북.

하현숙(2020), 떡제조기능사 필기·실기, 백산출판사.

한복려 외(1998), 우리가 알아야 할 우리음식 100가지, 현암사.

한복려(1999), 쉽게 맛있게 아릅답게 만드는 떡, (사)궁중음식연구원.

한은주 외 2인(2020), 떡제조기능사 필기·실기, 성안당.

홍석모(1781~1857), 동국세시기.

학회지 및 보고서

류기형 외 9인(2018), 떡제조 위생관리 학습모듈, 교육부·한국직업능력개발원.

문화공보부(1978), 전통향토음식조사연구보고서.

박영미 외 3인, 인절미 학습모듈, 교육부·한국직업능력개발원.

식품의약안전처(2020), 2021년도 식품안전관리지침.

식품의약안전처, 식품위생법. www.law.go.kr

조혜리, 서정희(2015), 자일리톨·수크랄로스 혼합 첨가 백설기의 이화학적·관능적 품질 특성, 한국식품영양과학회지 44(9).

최봉규 외(2005), 쌀가루 제분방법 및 입자크기에 따른 백설기 품질특성, 한국식품저장유통학회지 12(3).

저자 소개

박영미

한양여자대학교 외식산업과 교수
국가무형유산 조선왕조궁중음식 이수자

장소영

경민대학교 호텔조리과 교수
국가무형유산 조선왕조궁중음식 이수자

이종민

(사)궁중병과연구원 교육팀장
국가무형유산 조선왕조궁중음식 이수자

박은혜

배재대학교 외식조리학과 교수
국가무형유산 조선왕조궁중음식 이수자

(2판)

제 대 로 배 우 는 이 론 과 실 기

떡 제조의 정석

초판 발행 2021년 5월 27일
2판 발행 2025년 2월 10일

지은이 박영미·장소영·이종민·박은혜
펴낸이 류원식
펴낸곳 교문사

편집팀장 성혜진 | **디자인·본문편집** 신나리

주소 10881, 경기도 파주시 문발로 116
대표전화 031-955-6111 | **팩스** 031-955-0955
홈페이지 www.gyomoon.com | **이메일** genie@gyomoon.com
등록번호 1968.10.28. 제406-2006-000035호

ISBN 978-89-363-2632-6(93590)
정가 23,000원